交互设计创新
方法与实践

ICACHI 人机交互系列

付志勇 赵季儒 / 编著

清华大学出版社
北京

内容简介

本书以交互设计的创新理论方法为重点，配合设计实践案例的介绍，全面讲解了与交互设计领域相关的各方面知识，包括：交互设计学科的核心学习方向；用户体验、用户研究、信息设计、交互设计等分支方向的理论方法与案例分析；如何在具体情境中应用相应知识点的交互设计实践指导；进行学术研究、论文阅读与写作的方法；各个知识点的历史发展脉络、未来发展趋势及其可能性。

全书共分8章，可以分成3部分。第一部分（第1章）是学科基础，系统地介绍了交互设计学科的基本概念、历史发展和入门知识。第二部分（第2～6章）是创新理论与实践，从用户研究、信息设计、用户体验、交互设计、原型与评价5个方面的前沿知识点出发，通过具体案例讲解如何将理论转化为设计应用实践。第三部分是（第7、8章）前沿与研究，介绍了交互设计相关的未来趋势探讨、研究方法及论文写作。全书每章都包含知识点介绍、案例分析、课后练习，能够有效地帮助读者吸收全书知识。

本书适合作为高等院校交互设计及相关专业本科生和研究生的教材，也可供希望了解交互设计或与交互设计工作相关的广大学生、开发人员、设计工作者和研究人员参考。

版权所有，侵权必究。举报：010-62782989，beiqinquan@tup.tsinghua.edu.cn。

图书在版编目（CIP）数据

交互设计创新方法与实践 / 付志勇，赵季儒编著.

北京：清华大学出版社，2025.4. —（ICACHI人机交互系列）. — ISBN 978-7-302-68799-3

Ⅰ. TP11

中国国家版本馆CIP数据核字第2025BB4503号

责任编辑：张　敏
封面设计：郭二鹏
责任校对：胡伟民
责任印制：刘　菲

出版发行：清华大学出版社
网　　址：https://www.tup.com.cn，https://www.wqxuetang.com
地　　址：北京清华大学学研大厦A座　　邮　编：100084
社　总　机：010-83470000　　邮　购：010-62786544
投稿与读者服务：010-62776969，c-service@tup.tsinghua.edu.cn
质 量 反 馈：010-62772015，zhiliang@tup.tsinghua.edu.cn
课 件 下 载：https://www.tup.com.cn，010-83470236

印 装 者：河北鹏润印刷有限公司
经　　销：全国新华书店
开　　本：185mm×260mm　　印　张：11.75　　字　数：300千字
版　　次：2025年6月第1版　　印　次：2025年6月第1次印刷
定　　价：69.80元

产品编号：102430-01

Preface 前言

交互设计的历史

　　1984 年，Bill Moggridge 第一次提出了"交互设计"这一概念，但在这之前，交互设计早已经悄然发展了起来，以用户为中心的设计思维模式早已被广泛运用。早在 1962 年，在图形界面还没问世，计算机刚起步发展时，研究者就开始思考人与计算机的人机互动关系了，提出了人机交流、协作和学习的新方式。当时提出的关键概念是"协作"，系统与人之间，甚至是系统与系统之间都具有社会结构，而不只是机械结构。

　　1963 年，Ivan Sutherland 向 MIT 提交的博士论文中介绍了自己编写的计算机程序 Sketchpad，这是第一个图形化的计算机程序，Ivan Sutherland 也因此成为图形界面的始祖。1964 年，Douglas Engelbart 发明了世界上第一只鼠标的原型，极大地改变了人与计算机的互动关系。2007 年 1 月 9 日，Apple 公司推出 iPhone 第一代，其中的触控交互让手机的操作性有了质的提升。乔布斯通过映射真实物理世界的操作习惯，把 iPhone 的各种界面、控件进行了符合人们下意识习惯的交互设计，极大地提升了智能设备的易用性，降低了学习门槛。

如今的交互设计是什么

　　卡内基－梅隆大学是全球最早开设交互设计学科的院校，最初，人们对于交互设计的认知比较狭隘，院校把关注点仅仅放在了计算机软件和网页的屏幕界面设计上。随着技术的发展，各种输入输出设备被发明出来，硬件和软件、设备和用户的边界变得越来越模糊。卡内基－梅隆大学将交互设计、通信规划和信息设计 3 个专业合并起来，合并为 MDes 专业，用于研究人类、系统、自然的互动关系。

　　而清华大学的交互设计体系以文理交叉、艺术与技术结合为主要教学特色，培养具有艺术、技术、传媒等综合知识背景的人才。在教学与实践中注重设计思维、策划管理、综合创新能力的培养，同时也与知名企业紧密合作，以项目驱动的方式开展相关的课程教学和课题实践活动。

如今，交互设计是一门与其他学科有多种交叉的学科，结合了计算机科学、社会学、心理学、艺术学等多学科。它的核心是了解用户和场景，并能够用合理的思维方法找到问题的解决方案。它的目的是从用户体验出发，为了创造人们的美好生活而对产品、环境进行各方面的设计优化。因此，通过交互设计的思路与方法能够解决许多类型的问题。如今，不仅是设计学院的学生在学习交互设计，许多来自其他方向的学生、研究者、从业者也在积极了解这门学科。然而，交互设计学科的概念比较广泛，它由来自设计学的不同知识点组成，相关的知识点包括信息设计（如信息架构、信息美学等）、用户体验设计（如用户体验要素、心流体验、协同体验等）、设计流程、设计框架、批判性思考与设计、人机交互等，对于入门者来说较难找到开始学习的方向。

本书所包含的内容

本书从交互设计相关的理论、方法和趋势出发，涵盖了几乎所有与交互设计相关的知识，并通过一系列设计实践与学术研究方法的介绍，为读者将来深入学习提供了方向。本书内容包括：①交互设计学科入门的核心学习方向；②用户体验、用户研究、信息设计、交互设计等概念的介绍与案例分析；③在具体情境中应用相应知识点的交互设计实践指导；④进行相关学术研究、论文阅读、论文写作的方法；⑤交互设计的历史发展脉络、未来发展趋势及可能性。

作为一部教材，本书除了翔实地介绍交互设计学科必备的系统化设计知识点，还侧重于通过理论—案例—实践的学习流程，帮助读者建立设计思维、创新思维，并能够指导设计团队的设计过程推进，帮助读者将所学的知识应用于团队设计项目中。读者通过教材的学习，能够提高设计水平和综合素质，适应未来社会发展需要。此外，本书还提供了开展交互设计相关学术研究的论文阅读、写作的方法，为学生未来深入研究该学科提供指引。

除此以外，本书还针对设计伦理问题展开讨论。当我们用交互设计的方法去改变人与人、人与产品、人与环境的关系时，不免会涉及社会责任的问题。因此本教材除了介绍交互设计的技能，还将通过设计伦理案例的相关分析让读者了解如何才能将社会责任融入设计，树立正确的社会价值观和创新发展的理念，以正确的方式运用交互设计技能。

编者
2024 年 11 月

Contents 目录

第 1 章 历史与理论——交互设计的基本定义、概念与研究方向 ······ 1

- 1.1 什么是设计 ······ 1
  - 1.1.1 不同学者对设计的定义 ······ 1
  - 1.1.2 设计初体验——课程讨论 ······ 3
- 1.2 交互设计概念 ······ 4
  - 1.2.1 交互初体验——案例解析 ······ 4
  - 1.2.2 交互设计定义 ······ 5
- 1.3 交互设计学科的发展史 ······ 6
  - 1.3.1 人机交互的历史发展 ······ 6
  - 1.3.2 交互设计学科发展过程 ······ 8
  - 1.3.3 交互设计知识结构 ······ 9
  - 1.3.4 交互设计的新领域与新机会 ······ 12
- 1.4 知识图谱 ······ 13
  - 1.4.1 Cite Space ······ 15
  - 1.4.2 Connected Papers ······ 16
  - 1.4.3 Research Rabbit ······ 17
- 1.5 课程安排 ······ 18
- 1.6 作业/反思 ······ 19

第 2 章 用户研究——以用户为中心开展设计分析,找出问题与需求 ······ 21

- 2.1 用户研究概念与发展 ······ 21

2.2 用户研究基本方法 ·········· 22
2.2.1 直接讲故事 ·········· 23
2.2.2 访谈 ·········· 24
2.2.3 问卷调查 ·········· 24
2.2.4 眼动追踪 ·········· 25
2.2.5 可用性测试 ·········· 25
2.2.6 A/B测试 ·········· 25
2.3 深入了解用户群体：民族志方法 ·········· 26
2.3.1 民族志概述 ·········· 26
2.3.2 民族志与交互设计 ·········· 26
2.3.3 民族志常见的问题 ·········· 28
2.4 到社区中开展行动研究 ·········· 28
2.4.1 行动研究概述 ·········· 29
2.4.2 行动研究的开展 ·········· 29
2.5 在线用户研究：网络社区 ·········· 32
2.5.1 将网络社区作为研究平台 ·········· 32
2.5.2 网络社区的挑战与风险 ·········· 32
2.5.3 基于网络平台的研究案例 ·········· 33
2.6 用户研究在设计中的应用 ·········· 34
2.7 作业/反思 ·········· 35

第3章 信息设计——信息的处理、分析、架构和表现 ·········· 37
3.1 信息设计 ·········· 37
3.1.1 信息设计的历史 ·········· 37
3.1.2 信息设计概述 ·········· 40
3.1.3 生活中的信息设计 ·········· 40
3.2 信息设计方法 ·········· 44
3.2.1 视觉叙事 ·········· 44
3.2.2 信息图形 ·········· 44
3.2.3 图形与文字的结合 ·········· 46

	3.2.4 动态表达	47

      3.2.4 动态表达 ··· 47
      3.2.5 多媒体叙事 ··· 48
      3.2.6 交互装置 ··· 49
  3.3 信息架构 ·· 50
      3.3.1 信息架构的定义 ·· 50
      3.3.2 信息架构的分析 ·· 51
      3.3.3 信息架构的表现 ·· 54
  3.4 将信息用于交互设计研究——扎根理论 ······························ 56
      3.4.1 扎根理论概述 ··· 56
      3.4.2 扎根理论的历史起源 ·· 56
      3.4.3 扎根理论方法作为认识的方式 ································· 57
      3.4.4 扎根理论的实践方法 ·· 57
      3.4.5 扎根理论在交互设计领域的应用 ······························· 59
  3.5 课堂练习 ··· 60
  3.6 作业/反思 ·· 61

第4章 用户体验——将体验作为核心原则开展交互设计 62

  4.1 日常生活中的体验 ·· 62
  4.2 体验设计介绍 ··· 64
      4.2.1 体验的定义 ··· 64
      4.2.2 体验的特点 ··· 65
      4.2.3 体验的评价 ··· 66
      4.2.4 用户体验要素 ··· 69
  4.3 为用户体验而设计 ·· 72
      4.3.1 设计的3个层面 ·· 72
      4.3.2 设计心理学 ··· 74
      4.3.3 情感化设计 ··· 75
  4.4 协同体验 ··· 77
      4.4.1 体验与社会化 ··· 77
      4.4.2 协同体验概述 ··· 78

  4.4.3 案例分析 ················ 78
4.5 心流 ················ 80
  4.5.1 心流的概念 ················ 80
  4.5.2 心流与体验 ················ 81
  4.5.3 打造心流 ················ 82
4.6 经典案例解析 ················ 83
  4.6.1 体验分析工具——体验之环 ················ 83
  4.6.2 经典案例1：Apple（苹果） ················ 85
  4.6.3 经典案例2：Starbucks（星巴克） ················ 89
4.7 课堂练习：体验产品 ················ 91
4.8 作业/反思 ················ 93
  4.8.1 课堂练习完善 ················ 93
  4.8.2 产品搜集分析 ················ 94

第5章 交互设计——交互设计的基本流程、方法与实践开展 ················ 95

5.1 设计流程 ················ 95
  5.1.1 双钻模型 ················ 96
  5.1.2 设计思维 ················ 98
5.2 与交互设计相关的著名设计公司 ················ 102
5.3 设计思维工具 ················ 106
  5.3.1 为什么要使用设计思维工具 ················ 107
  5.3.2 如何选用设计思维工具 ················ 107
  5.3.3 常用设计思维工具简介 ················ 108
5.4 设计模式 ················ 111
  5.4.1 设计模式的特点 ················ 111
  5.4.2 软件界面交互设计模式 ················ 112
  5.4.3 混合现实交互设计模式 ················ 115
5.5 界面交互设计 ················ 120
  5.5.1 设计语言 ················ 120
  5.5.2 交互设计原则 ················ 122

5.5.3　常用的设计规范案例 ·········· 125

5.6　作业/反思 ·········· 132

第 6 章　原型与评价——通过制作设计原型进行验证与评价 ·········· **133**

6.1　设计原型 ·········· **133**

6.1.1　设计原型的基本方法 ·········· 136

6.1.2　体验原型 ·········· 138

6.1.3　体验原型的方法：角色扮演与身体风暴 ·········· 139

6.2　大胆假设、小心求证：实验性研究 ·········· 141

6.2.1　实验性研究概述 ·········· 141

6.2.2　实验性研究的优点与局限 ·········· 141

6.2.3　实验性研究的组成 ·········· 142

6.2.4　实验性研究的设计 ·········· 144

6.3　方案评估：回溯性研究 ·········· 145

6.3.1　回溯性研究介绍 ·········· 145

6.3.2　回溯性研究方法 ·········· 146

6.3.3　回溯性研究的时间维度 ·········· 147

6.3.4　回溯性研究的评估 ·········· 148

第 7 章　拓展与创新——科技、社会、文化如何影响设计 ·········· **150**

7.1　设计与科技 ·········· 150

7.1.1　设计的3种类型 ·········· 151

7.1.2　计算设计 ·········· 151

7.1.3　新技术下的交互设计 ·········· 152

7.2　设计与社会 ·········· 157

7.2.1　设计伦理 ·········· 157

7.2.2　设计与全球化 ·········· 159

7.3　设计与未来 ·········· 160

7.3.1　批判性设计 ································ 160
　　7.3.2　思辨性设计 ································ 162
　　7.3.3　设计未来 ·································· 163
7.4　作业/反思 ·· 169

第8章　如何开展学术研究——设计类论文阅读与写作方法 ········ 170

8.1　研究准备：论文阅读 ······························ 170
　　8.1.1　为什么要进行论文阅读 ···················· 170
　　8.1.2　如何找到合适的论文 ······················ 171
　　8.1.3　论文阅读方法 ···························· 172
　　8.1.4　论文阅读报告 ···························· 173
8.2　开展研究与论文写作 ······························ 174
　　8.2.1　开展设计研究前需要培养的能力 ············ 174
　　8.2.2　论文结构与写作要点：设计研究的基本组成 ·· 175
8.3　作业/反思 ·· 178

第1章

历史与理论——交互设计的基本定义、概念与研究方向

"交互设计创新方法与实践"课程的目标在于以理论与实践相结合的方式,为学生构建一个完整的交互设计理论体系,提升学生在交互设计领域的洞察力和学术研究能力。交互设计是一个跨学科领域,它涵盖广泛的知识领域,包括但不限于信息设计(如信息架构、信息设计、信息美学等)、用户体验设计(如用户体验要素、心流体验、协同体验等)、设计流程、设计框架、批判性思考与设计、人机交互等。

对于初次接触交互设计的学生,首要任务是理解交互设计的概念及如何进行交互设计研究。在本章中,将从交互设计的定义、历史、理论,以及学科发展的角度出发,为学生提供深入浅出的介绍,帮助学生明白交互设计的本质。此外,还将通过介绍交互设计领域的杰出代表人物和他们的方法,展现交互设计的演进历程,以及其与其他学科的交叉关系。

本章的后半部分将引入一系列可用于进行交互设计研究的方法,包括知识图谱的构建方法及重要的学术平台。我们相信,通过学习本章内容,读者将能够找到一条清晰的路径,为后续学习和研究奠定坚实的基础。

1.1 什么是设计

1.1.1 不同学者对设计的定义

早在1982年,艺术家莫霍利·纳吉(Moholy Nagy)就对设计进行了深刻的定义,强

调设计远不仅仅是对产品的表面装饰,而是一项高度复杂的任务。他认为设计是一项目的明确,综合考虑社会、人类、经济、科技、艺术、心理等多重因素的工程,旨在构思和规划制品,使其能够融入工业生产流程。

设计领域涵盖了多个交叉学科。从人文和美学的角度,涵盖装饰设计、家居设计、视觉设计、服装设计等领域;从社会和管理的角度,包括服务设计、体验设计、系统设计等;从理工和科学的角度,则包括桥梁设计、程序设计、芯片设计等。这些不同的设计领域共同满足了莫霍利·纳吉对设计的定义,即将多重交叉因素融入构思和计划的技术过程。

然而,当前社会对"设计"一词的普遍理解更偏向其人文和美学的方面,将设计与美感等同起来。2006年,伊莱·布莱维斯(Eli Blevis)等人指出公众对设计的理解与专业设计师的设计观存在差距。他们强调:"我们周围的生活充斥着设计——从我们用来进餐的餐具,到我们使用的交通工具,再到我们与之互动的各类设备。然而,大多数人却认为设计师只是对他人的构思进行表面修饰。"

实际上,在日常生活中,很多表面看似简单的改变实际上都是设计的产物。以清华大学校园内的景观为例,如图1-1所示图左显示了曾经在草坪上铺设的石块道路,最初的设计考虑了整体美感,但由于石块间距不适应所有人的步行习惯,也无法容纳自行车通行,因此学生和老师自行在路旁开辟了另外两条道路。几年后,如图右所示,学校经过改进,用地砖进行平铺,虽然破坏了草坪的一体感,但却提供了更宽敞、更便于通行的道路。

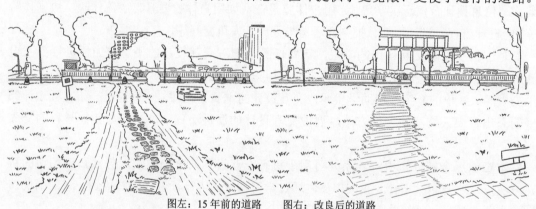

图左:15年前的道路　　图右:改良后的道路

图1-1　清华大学校园内的景观

这一案例清晰地展示了设计的实际应用,即使看似表面处理的变化,也需要经过深思熟虑的设计来满足用户需求和提升实用性。设计在各个领域都发挥着关键作用,远远不仅仅是外观美感的简单追求。

表面上看,这一设计案例仅仅是对草地中的道路进行了外观上的调整。然而,其本质实际上是通过分析师生的心理需求,找到了关键问题,并确定了改进方向,从而积极地改善了现有路径。

正如珍妮特·默里（Janet Murray）在《发明媒介》（Inventing the Medium）一书中所提到的，设计师的任务是为已存在的事物引入新的变化或引导其朝着更积极的方向发展。设计在本质上是一种积极的"创造"行为，无论是从零开始构建还是对已有事物进行优化，都属于创造的范畴。赫伯特·西蒙（Herbert Simon）提出了设计创造过程的7个阶段，包括定义、研究、概念、原型、选择、实现和学习。本书第5章将详细讨论设计流程的相关知识。

将通过一个简单的练习，让学生亲身体验"设计"各个阶段，初步掌握设计的基本概念。

1.1.2 设计初体验——课程讨论

首先，让我们尝试一个设计练习——设计一个花瓶，如图1-2所示。

图1-2 设计一个花瓶与设计一种更好的赏花方式

当面对这个任务时，我们首先关注的是什么？可能是花瓶的形态，如细口花瓶、方形花瓶；或者是花瓶的材质，如玻璃花瓶、陶瓷花瓶；甚至是花瓶的风格，例如极简花瓶、古典花瓶……我们往往会从已有的经验中寻找花瓶的设计创新点。由于这个任务要求我们设计一个"花瓶"，我们自然而然地将注意力集中在花瓶本身，着眼于一个特定的物品。

然而，随着对"设计一个花瓶"这个任务的深入思考，我们开始考虑与物品本身相关的外部因素。例如，这个花瓶将放置在什么样的环境中？它将用于摆放哪种类型的花？其生产成本应该受到哪些控制？它的用户又是什么样的人？我们发现，要设计一个花瓶，必须逐一了解这些问题，以明确我们应该设计何种风格、尺寸、材质和形状的花瓶。

现在，让我们尝试另一个设计练习——设计一种更好的赏花方式。

一旦看到这个任务，我们的思考方向不再是关于"物品-花瓶"，而转向了"体验-赏花"。我们将焦点放在"赏花"这一行为上，思考在什么环境中赏花、赏什么类型的花、由谁来赏花，从而设计出不同的元素，如花瓶、支架、花园等。

通过这两个练习，我们发现"设计一个花瓶"的本质之一是"设计一种更好的赏花方式"。在设计物品时，需要回归到对体验的分析中，通过创造来优化某种体验，这正是设计所带来的价值。

1.2 交互设计概念

交互设计（Interaction Design）是一门关注交互体验的学科，其起源可以追溯到20世纪80年代。该领域由IDEO公司的联合创始人比尔·莫格里吉（Bill·Moggridge）在1984年的一次设计会议上首次提出。

交互设计的核心理念在于定义事物的行为方式，特别是事物与人之间的互动（Interaction）。这包括通过分析方法来明确定义人与产品、人与环境以及人与人之间的互动关系设计。

1.2.1 交互初体验——案例解析

下面将用3个闹钟的交互设计案例来说明"人与产品、人与环境、人与人"之间不同的互动关系设计。

案例1：Stretching Clock

如图1-3所示，设计师Seung-hee Ryu创造了一款独特的闹钟，将人类早晨起床时的伸懒腰本能与闹钟融为一体，将闹钟集成到枕头内部。当设定的时间到达时，闹钟会响起，而用户需要通过在枕头两侧抓住拉绳的方式来关闭它，从而与枕头进行互动，模拟伸懒腰的动作。

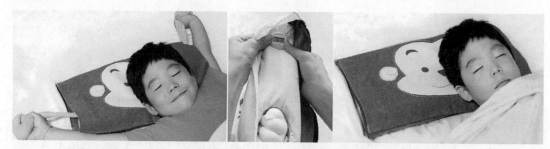

图1-3　Stretching Clock（伸懒腰闹钟枕头）

案例2：CoffeeTime

如图1-4所示，设计师Elodie Delassus设计了一款与早晨的第一杯咖啡相结合的闹钟。这个闹钟唤醒人们的方式由常见的闹铃声改为了咖啡的气味。睡觉前用户需要将一个盛放咖啡的杯子放入CoffeeTime中，当设定的闹铃时间到时，咖啡将会开始制作，咖啡的香味也会散发出来。用户伴随着咖啡的气味自然地清醒、起床，并可以趁热享受这杯自动制作出来的热咖啡。

图 1-4　CoffeeTime（咖啡时光）

案例3：不倒翁闹钟

如图 1-5 所示，Pedro Gomes 设计了一款名为"Sleepy Alarm"的瞌睡闹钟，它要求用户持续摇晃它才能停止闹钟响声。这款闹钟被设计成了一个不倒翁，当闹钟时间到达时，用户需要持续摇晃它以停止响铃声。然而，一旦用户停止摇晃，闹铃声将重新启动。要想真正关闭闹钟，用户需要持续摇晃一定时长。这种互动式设计要求用户积极参与，对那些通常难以仅仅依靠闹钟叫醒的人来说，具有高效的叫醒功能。

图 1-5　不倒翁闹钟

1.2.2　交互设计定义

不同时期和背景的交互设计学科领袖和专家都对交互设计提出了各自的定义，这些定义因其独特的专业背景和研究重点而存在差异。

例如，交互设计之父 Bill Moggridge 将其定义为："交互设计是指在所有使用电子技术的物品中进行的设计。" 这一定义代表了早期对交互设计的普遍印象，强调了该领域的广泛应用。另一位专家 Gillian Grampton Smith 则更加强调了交互设计对人们日常生活的影响。她认为："交互设计是通过数字产品、工作、游戏和娱乐等方式来塑造我们的日常生活。" Terry Winograd 的定义着重强调了交互设计中的"空间"概念，将其扩展到了人类交流和交互空间的设计领域。他指出："交互设计是关于人与人、人与产品、人与环境、人与服务之间的行为方式的设计。" Jonas Lowgren 则进一步扩展了交互设计的范围,将其定义为:"交互设计是指塑造交互产品和服务,尤其注重用户体验。"这一定义将人与产品的关系扩展到人与服务的交互,并关注了用户的体验。

这些定义反映了不同专业背景和研究侧重点对交互设计的不同理解。交互设计是一个多维、多样性的领域,不同的定义和方法都有其独特之处,但都强调了用户体验和人与技术的互动。

卡内基-梅隆大学设计学院对交互设计进行了如下定义。

(1)交互设计是塑造人们在与产品交互时的体验,以实现他们的目标和目的。

(2)交互设计师定义产品行为,在各种环境中调解人与人、人与产品、人与环境、人与服务之间的关系。

这些关于交互设计的定义并无绝对优劣之分,交互设计是一个十分开放的概念,当人们的思考视角转变后,对交互设计的理解也会跟着改变。因此本书将从与交互设计相关的各种学科知识出发进行介绍,为初次接触交互设计学科的学生、设计师、研究者、从业人员展现交互设计学科的知识体系架构,帮助大家从广度上了解更多交互设计相关的知识。相信来自不同专业、不同教育背景、不同行业的读者在进行学习后,会形成自己对交互设计的定义。

1.3 交互设计学科的发展史

1.3.1 人机交互的历史发展

众所周知,Bill Moggridge于1984年首次提出了"交互设计"的概念。然而,在这之前,交互设计已经悄然崭露头角,并以用户为中心的设计思维模式得到广泛应用。早在1962年,Douglas Engelbart在他的著作《放大人类智力:概念化的方法》中,提出了一种人机关系框架,这不仅仅是一份研究报告,更是对未来展望的宏观构想。当时,尚未涌现图形用户界面,计算机技术刚刚出现,他便开始思考人类与计算机之间的互动关系。虽然他在该论文中没有提出具体的技术解决方案,但他为人机关系中的思维、交流、协作和学习等方面,提供了一种全新的理念。这篇论文包含了当时一些具有革命性意义的人机界面概念,为未来设备的发展描绘出愿景。他关键性地提出了"协作"这一概念,认为系统与人之间,甚至系统与系统之间都具备社会性结构,而非仅仅是机械性结构。随后的1964年,Douglas Engelbart发明了世界上第一只鼠标的原型,这一创新极大地改变了人类与计算机之间的互动方式,如图1-6所示。

图 1-6　Douglas Engelbart 发明的鼠标

1963 年，Ivan Sutherland 提交了他的博士论文给麻省理工学院（MIT），在该论文中，他首次介绍了他亲自编写的计算机程序 Sketchpad。这个程序标志着图形化计算机程序的开端，因此，Ivan Sutherland 也被誉为图形界面的奠基人。此后，施乐（Xerox）公司帕克研究中心（Palo Alto Research Center，PARC）在 1979 年设计并推出了世界上第一台图形化界面的计算机，这一创新受到了 Ivan Sutherland 的启发，奠定了 1984 年苹果公司首款 Macintosh 个人计算机用户界面的设计基础，如图 1-7 和图 1-8 所示。

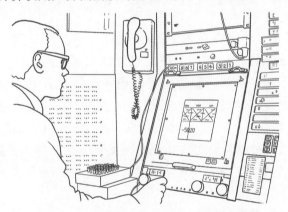

图 1-7　Ivan Sutherland 与第一个图形化程序

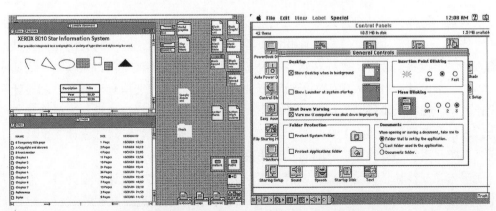

图 1-8　Xerox 公司与 Apple 公司图形化计算机界面

在 2007 年 1 月 9 日，苹果公司发布了首款 iPhone，标志着手机已经逐渐走出了仅仅作为通信工具的角色，而开始朝着智能终端的方向发展。触控交互技术为手机的操作性能带来了质的飞跃。史蒂夫·乔布斯通过将手机的各种界面和控件设计得符合人们下意识的操作习惯，将真实世界的操作方式映射到 iPhone 上，从而极大地提升了智能设备的易用性，同时也降低了用户的学习成本，如图 1-9 所示。

图 1-9　Apple 公司发布的第一代 iPhone

在接下来的几年中，伴随着技术的飞速发展，人机交互迎来了突破性进步。语音用户界面（Voice User Interface，VUI）技术已经变得相当成熟，广泛应用于办公、家居、娱乐、交通出行等各领域。通过手势与设备的隔空互动，即手势交互（Gesture Interaction）模式，也逐渐渗透到人们的日常生活中，在智能电视、手机、游戏和运动等领域取得了显著进展。同时，增强现实（Augmented Reality，AR）、虚拟现实（Virtual Reality，VR）和混合现实（Mixed Reality，MR）技术开始将人机互动关系转移到虚拟世界中，甚至实现了虚拟与现实的融合，进一步拓展了人机交互的边界。

1.3.2　交互设计学科发展过程

卡内基-梅隆大学是全球最早设立交互设计学科的学府之一。最初，对交互设计的理解相对狭隘，主要侧重于计算机软件和网页界面的设计。然而，随着科技的迅猛发展，各种输入和输出设备的涌现，硬件和软件、设备与用户之间的界限变得日益模糊。为适应这一新形势，卡内基-梅隆大学创立了设计专业，在本科阶段开展信息设计、产品设计和环境设计教学；在硕士阶段开展交互设计教学；并在博士阶段进行过渡设计专业知识研究。硕士阶段的交互设计专业（MDes）融合了交互设计、通信规划和信息设计 3 个领域，着重研究人类、系统和自然环境之间的互动关系。

而国内交互设计学科的发展，以清华大学美术学院信息艺术设计专业为例。清华大学美术学院于 2004 年创立了信息艺术设计系，是国内最早设立这一专业的院校，旨在研究新技术条件下的艺术设计创新。该专业将艺术设计与信息科技相融合，强调培养学生具备双重能力：一方面，他们需要从"用户体验"的角度理解并创新地应用人机互动技术，以设计未来的互动产品或新媒体艺术作品；另一方面，学生还需要具备"系统思维"，能够设计出合理的信息结构，构建物理和数字化体验环境，创新服务流程和商业模式。这一教育模式取得了显著成果。

清华大学美术学院信息艺术设计系致力于培养复合型的创新设计人才，目前拥有3个本科专业（信息艺术设计、动画、摄影）、一个面向全校的第二学位专业（数字娱乐设计），以及科普创意艺术型硕士研究生专业。

信息艺术设计专业以文理交叉、艺术与技术结合为主要教学特色，培养具有艺术、技术、传媒等综合知识背景的人才。在教学与实践中注重设计思维、策划管理、综合创新能力的培养，同时也与知名企业紧密合作，以项目驱动的方式开展相关的课程教学和课题实践活动。

动画专业以培养高端动画创作型人才为目标，突出美术设计的专业特色。通过动画美术设计、原动画技法、三维动画设计、动画创作等课程的学习，学生将具有合理的知识结构和创作实践能力，在未来行业竞争中有突出的创作实力。

摄影专业旨在培养当代影像艺术创作和理论研究高端人才。课程主要围绕丰富学生的艺术创作和理论研究能力，在保持传统胶片摄影的知识学习、体验古典工艺制作技法的基础上，课程的跨界和交叉是该专业的一个特点，新媒体艺术、装置影像艺术成为区别于其他院校摄影学科的一大特色。

1.3.3 交互设计知识结构

交互设计是一门综合了文、理、工等多个学科知识领域的交叉学科，其核心使命在于建立和促进积极的人与产品、人与服务之间的关系。以"在复杂社会环境中融合信息技术"为中心，交互系统设计着重关注用户需求，着力提高和优化用户体验。通过探索和解决新的用户体验问题，交互设计旨在改进和扩展人们工作、沟通和互动的方式，如图1-10所示。

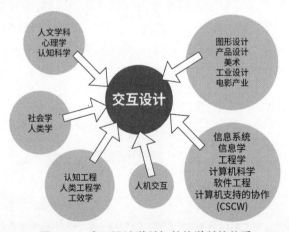

图1-10 交互设计学科与其他学科的关系

交互设计作为一门交叉学科，与其他学科存在多重交叉关系。在分析交互设计与其他学科的关联时，可以参考 Nathan Shedroff（美国人，知名设计师、作家和教育家）提出的体验设计概念。他深入探讨了交互设计与其他领域的相互关系，并在其提出的设计有效体验的方法中，将信息设计、信息结构设计、交互设计和界面设计等领域融入了体验设计的框架之中。此外，在他的综合框架中，还包括工业设计、人机交互、可用性工程等学科，这些学科都与交互设计密切相关，如图 1-11 所示。

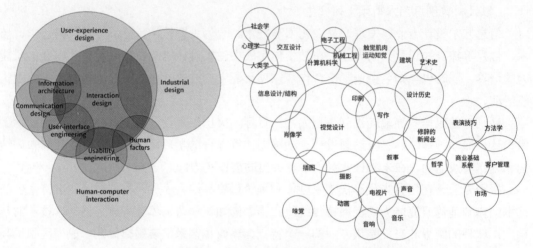

图 1-11　Nathan Shedroff 提出的交互设计学科框架

接下来，以清华大学的信息艺术设计专业为例，从交互设计的知识结构、知识模块和能力结构的角度来探讨国内顶尖大学是如何定义交互设计的知识框架的。清华大学的信息艺术设计专业构建了一个以"信息、媒介、交流"为核心关键词的知识结构。这个结构的建立是基于 3 个关键特性，即艺术性、互动性、价值性，旨在培养出杰出的设计师，如图 1-12 所示。

在学科知识模块中，清华大学美术学院分成了三大模块。结构与表现：侧重于信息的表达，需要学习美学、认知科学、信息结构等学科知识。界面与产品：侧重于打造人类与产品/服务的积极互动关系，需要学习心理学、行为学、用户研究、可用性实验等学科知识。情境与体验：侧重于人、产品与环境的关系体验，包括社会关系、管理、情景化设计、娱乐、服务设计等知识学科，如图 1-13 所示。

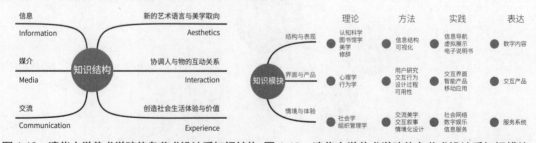

图 1-12　清华大学美术学院信息艺术设计系知识结构　图 1-13　清华大学美术学院信息艺术设计系知识模块

在学生能力培养方面,清华大学将这些知识模块划分为4个主要领域的能力结构,分别是文化、艺术、商业和技术。文化领域的创新能力包括社会学、心理学、人类学等领域的知识,旨在帮助设计师更准确地分析人类需求。艺术领域的表现能力涵盖美学、表达、可视化、叙事等,有助于设计师更好地表现其设计理念。商业领域的应用能力涉及经济学、管理学、市场营销等领域的知识,帮助交互设计师将设计与市场分析相结合,具备商业化能力。技术领域的实现能力包括多媒体、计算机科学、虚拟现实等领域的知识,使设计师能够了解最新的应用技术,并具备独立实现设计原型的能力,如图1-14所示。

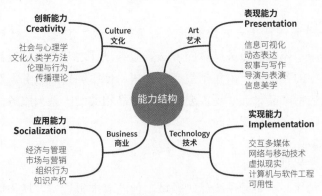

图1-14 信息艺术设计系能力结构

在本节的结尾,用一张图来描述交互设计师在设计过程中需要考虑的3个关键思考方向:计算思维、批判性思考和商业思考,如图1-15所示。

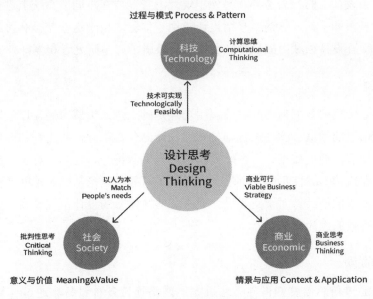

图1-15 交互设计师必备思维模型

1.3.4　交互设计的新领域与新机会

交互设计作为一门综合学科，紧密关联着多个不同学科领域。一名卓越的交互设计师必须具备多方面的知识，包括技术、商业和社会领域。本节将探讨一些新的领域和机会，与交互设计相关，旨在帮助学生更好地了解不同研究方向，以便找到符合自己兴趣和目标的领域。

1. 服务设计

服务设计是一种通过特定方式组织涉及服务的要素，包括人、接触点、设施、通信和物料等，以提高用户体验和服务质量的方法。服务设计通常与产品设计结合使用，以优化产品在生命周期中的各个环节，包括生产、销售、使用和售后服务。对于交互设计师来说，研究对象不仅包括产品设计，还需要考虑与产品相关的一系列服务问题。因此，服务设计成为交互设计师研究的重要方向。

2. 游戏用户体验设计

虽然游戏交互设计并不是一项全新的领域，但随着虚拟现实、增强现实、元宇宙等技术的应用，这一领域变得越来越重要，受到交互设计师的重视。与传统产品的交互设计不同，游戏往往不依赖具体的任务目标，而强调用户体验的情感、情境和心流。游戏交互设计强调代入感、情境化体验及情感设计。此外，游戏的交互结构通常是环状的，而不是线性的，这导致了设计上的显著差异。另外，现代游戏需要在不同的系统上进行设计，如计算机、手机、平板和手柄，这需要平衡设计与用户体验。由于这些差异和挑战，游戏交互设计已经成为交互设计领域内的一个独立分支，吸引了许多研究者和爱好者的关注。

3. 感性工学

感性工学是一门研究如何在产品的实用功能基础上融入情感内涵，以触发用户情感共鸣并传达情感信息的领域。感性工程则是感性设计的分析部分，将工程的理性思维与艺术的抽象思维相结合，通过数据分析、研究和归纳来揭示符号、色彩、意象、形状、材质等外在事物的内在规律。感性工程为感性设计提供了可靠的理论基础，帮助设计师设计出更符合用户感性需求的产品。对于交互设计而言，感性体验的设计至关重要，感性工程的研究可以提供更有效的设计方法。

4. 智能物联网

物联网是通过传感器感知世界、通过无线网络连接各种设备、通过计算整合信息的网络，它将各种普通物理对象转变为互联互通的设备。物联网涵盖智能家居、智能穿戴设备、安全管理、智能教育、智慧城市、无人物流等领域。交互设计在物联网领域有许多新机会，可以通过人机交互、语音交互、手势交互等方式，借助流程设计、系统设计、服务设计等方法，来优化人与物理设备、物理设备与物理设备、物理设备与环境、人与环境之间的互动关系，以改善物联网在现实世界中的使用体验。这包括了让物联网技术更自然地干预人们的日常生活，从智能家居系统到无人物流，都可以通过交互设计来提高用户体验。

5. 计算设计

计算设计（Computational Design）是一种新兴的设计方法，它将算法和参数与先进的计算机处理相结合，以解决设计问题。计算设计包括参数化设计、生成性设计和算法设计等，它将设计流程转化为可编程的计算机语言，并通过参数化输入相关信息，从而以算法模型的方式进行设计分析。这使得设计成为一个动态、可重复、不断发展的过程。

现今，交互设计不再仅仅由"设计师的决策"驱动，许多团队使用数据为设计提供依据。例如，通过分析不同按钮在界面上的点击量数据，设计师可以优化布局。具有计算思维的设计师更具竞争力。

6. 人工智能

人工智能（Artificial Intelligence，AI）技术扩展了大多数产品的技术边界，影响了交互设计在这些产品中的应用。人工智能主要涉及机器识别、智能推荐等领域。通过计算机视觉技术，如人脸识别和情感识别系统，机器能够识别和理解用户。而基于大数据和推荐算法的推荐系统，则可根据用户行为为其推荐个性化产品。

人工智能生成内容（Artificial Intelligence Generdted Content，AIGC）从2022年开始快速发展，使得人工智能可以生成各种艺术创作，甚至进行建筑设计等复杂任务。这改变了交互设计师的设计方法，从具体的设计实践转向了设计研究与思考。随着人工智能技术变得更加人性化，设计师需要重新定义人工智能产品在社会中的角色，并进行相应的设计。

1.4 知识图谱

知识图谱是一种可视化的知识领域映射工具，旨在呈现知识的发展历程和结构关系。它采用可视化技术，描述知识资源及其相关载体，同时开展知识的挖掘、分析、构建、绘制和展示，以展现知识元素之间的关系。

知识图谱为研究人员提供了研究特定学科发展脉络及不同领域之间关系的有力工具。目前，许多基于论文数据库的知识图谱构建工具可帮助研究人员更快地找到目标文献，并更有序地展开文献研究。这些工具为学术界提供了有力的支持，有助于加速知识的发现和应用，如图1-16所示。

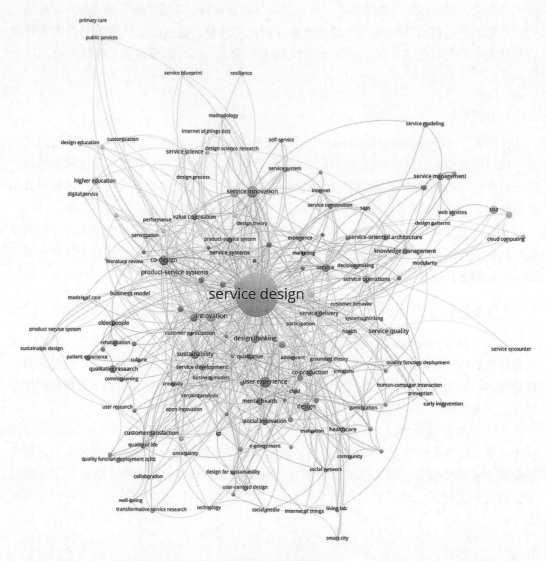

图 1-16 知识图谱

在学科研究中使用知识图谱,一般是对论文数据库开展数据分析,常用的软件有 Cite Space、Research Rabbit 和 Connected Papers。这些软件一般通过共被引分析、共词分析、突现分析和聚类分析来开展论文分析。

(1)共被引分析:是指对科学期刊、论文、作者等分析对象的引用和被引用现象进行分析,以揭示其数量特征和内在规律的一种信息计量研究方法。通过共被引分析,可以找出跟我们所要研究主题相关性较大的文章,并且根据不同文章的引用关系内容,能够了解它们的大致方向与联系。

(2)共词分析:共词分析的基本原理是对一组词两两统计它们在同一组文献中出现的次数,通过这种共现次数来测度它们之间的亲疏关系。共词分析清楚地展示了某一学科下面的细分专业之间的关系,帮助我们了解学科结构。

(3)突现分析:探测在某一时段引用量有较大变化的情况。用以发现某一个主题词、关键词衰落或者兴起的情况。通过突现分析,研究者可以了解在某一学科方向中的研究潮流,从这些潮流中总结出相应的规律,甚至预测之后的发展方向。

(4)聚类分析:是指将物理或抽象对象的集合分组为由类似的对象组成的多个类的分析过程,以分析对象的相似性为基础。研究者通过设定某一特征进行聚类分析,通过可视化的聚类图,可以清晰地看到每一个类别中的内容。

1.4.1 Cite Space

Cite Space 可翻译为"引文空间",着眼于分析文献中蕴含的潜在知识,是在科学计量学、数据可视化背景下逐渐发展起来的引文可视化分析软件。Cite Space 以文献数据库分析为主,主要是对特定领域的文献进行计量,以探寻出学科领域演化的关键路径和知识转折点,如图 1-17 所示。

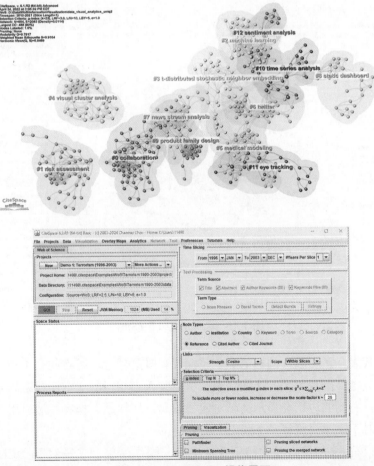

图 1-17　Cite Space 操作界面

Cite Space 基于 Java 8 而开发，无论是配置环境还是使用都稍显复杂，但它能进行最全面的知识图谱分析。事实上，使用 Cite Space 对学科进行数据分析本就可以作为一篇论文选题开展研究，是一件可以进行得很深入的工作。本书仅对该软件进行简单介绍，若读者要使用 Cite Space 开展实践工作，仍需到互联网或图书馆中查找相应的教程资料学习。

1.4.2　Connected Papers

Connected Papers 是一个在线平台（相比于本地软件 Cite Space 来说，省去了配置环境、下载数据库等操作），它的核心目的是帮助研究者搜索、探索文献。使用 Connected Papers 能够轻松了解某篇文献的引用和被引用关系，分析出这篇文献的前世今生，帮助我们从一篇文献开始对一个领域进行了解。

Connected Papers 的优势在于简单、易操作，只要输入需要查阅的文献，即可呈现一个相关文献的知识图谱。基于这一知识图谱，可以很直接地筛选出想要了解的相关文献，防止我们迷失在文献的海洋中，如图 1-18 所示。

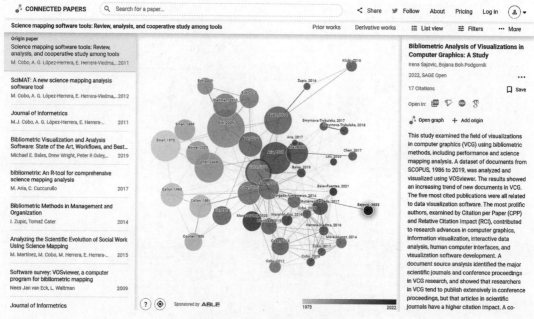

图 1-18　Connected Papers

每个圆点代表一篇文献，圆点的颜色越深代表时间越近。圆点的大小与被引用次数有关，被引用次数越多圆点越大。连线代表被引用关系，相似的文章连线距离较近。将光标移到圆点上时，右侧的边栏会显示文献对应的信息，如标题、作者、被引用次数、引用数量、摘要等，对于快速阅览每一个圆点十分方便。

Connected Papers 的优点是在线、快速上手、操作简单，它虽然不像 Cite Space 那样可以进行各种各样的数据分析,但对于目的仅是搜索文献的研究者来说十分有用。

1.4.3 Research Rabbit

　　Research Rabbit 同样是一个在线分析平台,它集合了文献管理和知识图谱,并采用了 AI 技术协助进行分析。Research Rabbit 的优势除了在线、简单易用外,还结合了文献管理,是一个很有用、与众不同的切入点。在开展论文阅读时,我们往往读了大量有用的文献,但不知道如何进行文献管理,每次回顾这些文献时都会眼花缭乱。Research Rabbit 采用文件夹的方式帮助我们收藏文献,提供了备注、标签、筛选、排序等功能来帮助研究者从大量文献中回顾曾经的内容,并结合知识图谱帮助我们找到这些文献之间的关系,如图 1-19 所示。

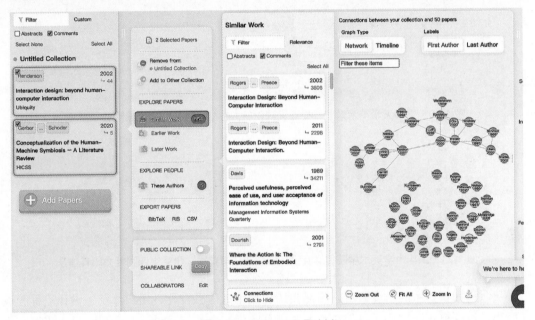

图 1-19　Research Rabbit

　　Research Rabbit 还支持选择多个文献,来查询与它们相似的一系列论文。这能帮助我们在已有的文献工作基础上继续寻找类似的研究。

　　通过对专业领域的知识图谱进行分析,我们能够更深入地了解学科的结构,清晰地描绘研究的发展脉络。在文献管理、检索和分析方面,可以利用一系列工具。本书介绍了 3 个文献分析工具,它们各具特点,适用于不同的研究需求。在进行大量论文阅读并准备系统化知识积累时,这些工具可以有效地协助我们建立基础知识,为进一步研究提供有力支持。它们有助于优化研究过程,提高工作效率。

1.5 课程安排

在本节中,将提供清华大学美术学院"交互设计创新方法与实践"研究生课程的安排作为参考。我们将详细介绍如何在8周的课程内为学生布置交互设计知识的授课计划,结合论文研读和实际交互设计练习等方法,旨在使学生初步掌握这门学科,如图1-20和图1-21所示。

周数	主题	内容	方式	作业
1	概念介绍	交互设计导论、背景、概念与案例 如何开展交互设计研究、论文、知识图谱	讲座 workshop(破冰/产品体验) 分组选题	分组选题 资料搜集
2	用户研究	用户研究	讲座	用户画像、利益相关人
3	信息设计	信息设计、信息架构、信息美学、叙事拓展:扎根理论	讲座	知识图谱
4	体验设计	体验设计、体验之环	讲座、中期汇报	论文阅读
5	设计流程	设计流程、设计工具、未来学工具	讲座、论文研讨	设计工具
6	设计模式、设计原型	设计语言、设计模式、设计原型	讲座、设计工作坊	交互设计工作坊
7	文化责任	设计评价、反思、伦理 前沿技术带来的思考、全球化	讲座、设计工作坊	交互设计工作坊
8	主题汇报	汇报成果、小组交流	总结汇报	排版打印

图 1-20 清华大学美术学院"交互设计创新方法与实践"研究生课程教学安排

图 1-21 清华大学美术学院"交互设计创新方法与实践"研究生课程能力培养体系

从课程知识体系的角度来看,将涵盖历史理论、信息设计、用户体验、设计流程、设计原型、设计模式和设计预见等7个主要部分。我们会从交互设计的学科背景一直深入到具体的知识点,每节课都会介绍与交互设计紧密相关的设计课程内容,以帮助学生全面了解这一学科的概貌。

关于培养学生的能力,将采用课堂小练习、论文阅读、学科架构梳理和主题设计这4种方式:

(1)课堂小练习:每节课都包括与知识点相关的简短课堂练习,例如在10分钟内设计一个花瓶或设计一张机票,以帮助学生在课堂上实践所学的内容。

(2)论文阅读:将介绍学术论文的阅读与写作方法,特别是在交互设计领域。这将帮助新生学会快速阅读论文,并培养他们判断论文是否有价值的能力。

(3)学科架构梳理:通过使用分析工具(如Cite Space),学生将进行学科分析,以帮助他们深入了解交互设计学科的整体架构和关键领域。

（4）主题设计：学生将分成小组，针对特定主题进行交互设计。从用户研究、问题识别、头脑风暴、设计概念到设计原型，学生将经历交互设计的完整流程。主题设计建议从第一周开始进行选题和分组，随后按周程安排不同的任务，最终在课程结束时进行总结和报告。

在本书的后续章节中，将提供详细的解释和指导，以支持这些教学和学习活动。

1.6 作业/反思

1. 整理课程所学，指定某一主题，形成自己初步的知识系统。
2. 收集设计案例；包括设计理念、产品发展史、设计理论、前沿技术……
3. 制作 PPT，下课堂进行分享和分析。

如下练习案例，嗅觉味觉交互知识图谱（见图 1-22）。通过 Cite Space 工具分析学科领域演化的关键路径，并简化梳理成小组后续开展设计所需的知识系统。

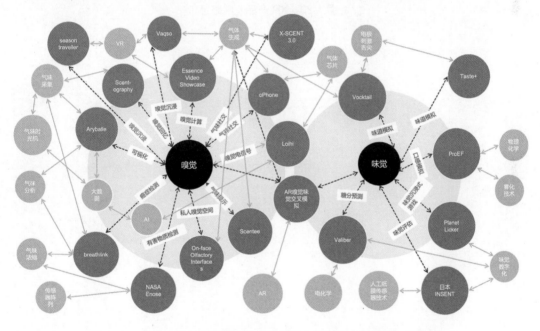

图 1-22　嗅觉味觉交互知识图谱（黄伟祥、赵悦含、于雪梅、李叙姗）

如下练习案例，XR 产品发展路径（见图 1-23）。小组调研了 XR 在技术发展、应用推广上的论文及报道，将重点按照时间线记录。并梳理成发展路径图，以帮助小组预测未来 3～5 年的 XR 技术趋势。

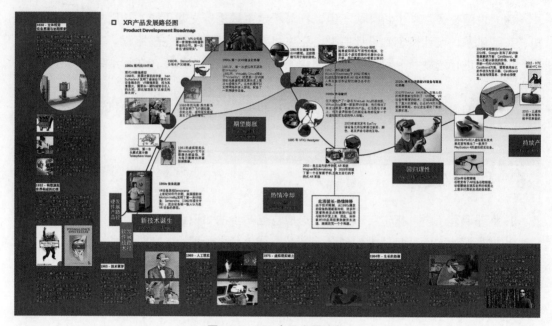

图 1-23 XR 产品发展路径

第2章

用户研究——以用户为中心开展设计分析，找出问题与需求

用户研究是"以用户为中心"的设计流程的首要步骤，它为我们提供了关键的洞察方式，有助于发现用户的需求和痛点，将这些洞察转化为可行的设计方案。在许多情况下，设计师可能掌握了多种设计技能，却不清楚这些技能如何应用于解决实际问题，这种困境实际上源于设计流程的本末倒置。原因在于许多学科设置中，用户研究通常被纳入心理学领域，这使得初学交互设计的人难以接触到用户研究的相关理论、概念和方法，也缺乏实际操作的指导。

在本章中，将详细介绍用户研究的概念和实践方法。首先，探讨适合设计师学习和应用的用户研究方法，这些方法能够快速进行初步的用户观察、访谈和研究。通过掌握这些基本方法，读者将能更迅速地理解用户需求，为设计工作提供有力支持。

接下来，介绍几种适用于深入用户研究的方法，这些方法源自人类学、社会学、心理学等学科，虽然它们在实践中较为复杂且需耗费更多时间，但它们能够深入了解用户的内在需求、行为习惯和社会特征等方面。尽管读者未必会亲自使用这些方法进行用户研究（因为这类工作通常不是设计师的专长），但了解并学习这些研究方法将使我们在进行文献阅读和资料搜集时，能够更具能力判断参考资料的实用性和价值。

2.1 用户研究概念与发展

用户研究是以用户为中心的设计流程的核心要素，它包括一系列研究方法，旨在深入理解用户的行为和心理。用户研究通过调查、观察和数据分析，帮助更好地理解用户在使用产品或服务时的体验和反馈。在交互设计领域，用户研究扮演着至关重要的角色。通过

用户研究，我们能够深入洞察用户的需求和期望，为产品和服务的设计和改进提供有价值的洞见。此外，用户研究还能够帮助我们提前了解用户的需求和行为，从而避免不必要的开发成本和风险。

如今，许多企业都采用用户研究方法来指导产品设计和功能规划，以提高用户满意度和忠诚度，从而增加用户留存率和业务量。此外，用户研究还为团队提供了机会，通过寻找新的商机和创新点，制订更加准确、有效的市场营销策略，提高产品的市场推广效果。总之，用户研究有助于设计团队更深入地理解用户需求和行为，从而优化产品和服务的设计和功能，提高用户满意度和忠诚度，增强业务增长和市场竞争力。

用户研究在设计流程中是不可或缺的一部分，通常被应用于情感设计阶段和测试阶段。在情感设计阶段，用户研究帮助我们确定目标用户群体，细化产品概念，并通过深入研究用户的心理特征、行为习惯和文化背景等方面，将用户需求转化为产品设计的指导原则。在测试阶段，我们将产品和服务投入到用户研究项目中，通过定性研究（如体验、访谈和焦点小组）及定量研究（如眼动追踪和问卷调查），设计团队能够识别产品的优势和不足之处，并对产品进行后续改进，从而更好地满足用户的体验需求。

2.2 用户研究基本方法

在用户研究领域，我们的首要目标是深刻了解用户。用户研究方法主要分为两大类：定性研究和定量研究。定性研究采用访谈、观察、焦点小组等方式，旨在深入了解用户的需求、态度、行为等方面的信息。而定量研究则利用问卷调查、用户行为数据分析等手段，以收集大量数据，并通过统计分析等方法得出客观结论。我们可以运用诸如用户体验测试、原型测试、A/B 测试等方式来进行定性研究和定量研究。

在设计学中，常用的用户研究方法可以分为 3 个主要方向。

（1）与用户进行访谈：采用交流模型、参与式观察、民族志研究、文化调查等方式，与用户进行深入的对话。通过有意义的对话引导，逐步挖掘用户的内心想法，以更好地理解用户，捕捉他们的深层需求和情感，最终实现共情。

（2）邀请用户叙述故事：采用模拟场景、民族志插画、故事板等方法，引导用户自主叙述事物的发展，以故事性方式描述真实经历，从而激发共情，以期更好地理解用户。

（3）沉浸于真实情境中：项目团队通过角色扮演、体验原型等方法，创造趋近于真实的情境，并全情投入其中。直接模拟用户的真实视角，开展体验工作，通过沉浸式的体验，深切感受用户的实际感受，促进与用户的情感共鸣，如图 2-1 所示。

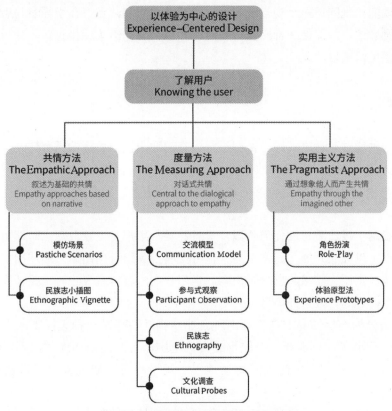

图 2-1　以用户为中心的用户研究方法

在接下来的内容中，将从这 3 个方向出发，介绍 6 个最典型且较容易实施的用户研究方法，帮助设计初学者掌握几种必备的了解用户的技能。

2.2.1　直接讲故事

直接讲故事与访谈有相似之处，但它强调参与者的主动驱动，而非由设计师引导。这种方法鼓励参与者自发地表达见解和观点，而设计师的角色是促进讨论、维持积极的讨论氛围，以及引导参与者积极参与。

直接讲故事常用于移情阶段，它能够帮助设计团队了解用户的所思所想。活动采用讨论的方式，设计团队提供一些相关信息用作引导材料，通过抛砖引玉，激发用户的创造力，让用户主动表达自己的想法。直接讲故事没有正确答案，所有对话都是中立且开放性的，鼓励用户讲述他们想要说的一切内容。

直接讲故事简单来说就是将访谈从"一问一答"变成"听讲故事"，一般通过抛砖引玉的方式，将访谈中的开放性问题转变为"判断题""解释说明"。这种方法有助于引导用户主动表达自己的见解与观点。

在进行直接讲故事时，务必保持中立，避免预设立场。在介绍引导性的观点或案例时，要以客观的语气陈述每个观点或案例，说明其优点和缺点。在引导参与者表达时，要一直使用鼓励性语言，即使在询问反对观点时，也应首先给予积极肯定，然后再提及其他观点，尽量避免消极表达。

2.2.2 访谈

访谈是一种通过对话方式，与目标进行语言沟通，基于目标的语言转述来了解其真实情况的研究方法。访谈与直接讲故事类似，都是通过语言进行用户研究。不同的是直接讲故事以参与者叙述为主，而访谈则是采用问答的方式，需要设计团队进行更多的准备与过程控制。

访谈可以用于设计流程的任何阶段，一旦需要从用户身上获取观点时即可开展访谈。因此访谈不但可以独立开展，还常常与其他方法和工具组合使用。一般使用访谈方法来获取用户的故事、意愿、需求、感受等内容。当用户在进行语言表述时，设计团队往往可以从这些话语中捕捉到一些意外信息。

用户访谈分为结构性和非结构性两种。非结构性访谈是一种无控制或半控制的自由访谈，事先无须准备，只需要一个题目或大致范围即可。而结构性访谈则需要提前准备研究概况、观察对象、实施时间、访谈地点、记录设备、研究人员、数据处理方式等事项。

此外，访谈过程中至关重要的准备工作包括问题清单的制定。问题清单应该包含可能在访谈中涉及的所有问题。一般而言，问题清单的构建可以从背景信息的相关问题开始，然后逐渐深入探讨用户的基本行为特征，接下来是核心问题的提出，最后提出必要的补充问题。问题的排列顺序可以从易到难、从具体到抽象进行安排。在访谈开始时，可以选择一个简单而容易引起共鸣的问题，以逐步引导用户深入讨论相关议题和使用情境。在构建问题清单时，务必合理分配访谈时间，根据问题的重要性设定不同的时间段，以确保访谈时间的合理分配。

2.2.3 问卷调查

调查问卷又称调查表或询问表，是一种以问题的形式系统地记载调查内容的资料获取方式。它用于搜集定量的研究数据，由于其能够低成本、快速地搜集大量数据，常用于用户研究中提供数据支持，建立证据。

问卷适合用于设计流程的中后期，当设计团队已经找到了设计问题，或是有了明确的设计概念后，可用问卷调查的方法向用户进行进一步验证。由于问卷的题目和选项的设计都需要由团队进行定义，因此问卷具有一定的倾向性，是在对某一事情的猜测上建立证据。

问卷调查的优势是快速且匿名，它能够在短时间内搜集大量用户的观点，形成数据集,且不受空间的限制。劣势是调研过程比较僵化,问卷常采用简单且客观的题目,不能对问题进行深层次的了解,而且受访者也会降低表达意愿。

2.2.4 眼动追踪

眼动追踪最早应用于人类视觉系统和认知心理学研究,如今被广泛用于人机交互领域。眼动追踪就是通过传感器设备和计算机分析技术,记录眼动轨迹并从中提取诸如注视点个数(Fixation)、注视时间(Fixation Duration)、眼跳距离(Saccade Amplitude)及瞳孔大小(Pupil Diameter)等数据,帮助设计团队研究个体的内在认知过程。

眼动追踪需要有一个具体的实物作为研究对象进行实验设计。在人机交互研究中,常用眼动追踪来分析用户在观看某一平面图、界面、环境时的眼球运动轨迹。通过记录并分析眼动追踪数据,可以对图片或界面进行综合评估,分析用户感知视角下的设计呈现。

2.2.5 可用性测试

可用性测试是指让特定目标用户执行产品的典型操作,以完成特定任务,同时由观察员和开发人员在旁观察、倾听和记录,以评估产品的可用性。可用性研究可以应用于各种类型的产品,包括但不限于网站、软件、移动应用等,它可以在产品尚未成型,即处于原型阶段时进行,也可以在产品已经成品后进行后期测试。

可用性研究主要用于测试阶段,需要针对一个已有的原型、产品开展测试工作。在进行可用性测试时,要求受测者完成具体的任务,通过分析完成任务的情况,对产品或服务的可用性进行评估。可用性测试能够让用户在最接近真实的情境中进行模拟,挖掘出最真实的用户需求。

2.2.6 A/B测试

A/B 测试是一种产品优化方法,是指在同一时间将同一设计的不同版本进行相互比较测试,以确定更优方案。A/B 测试一般会为同一个优化目标制定两个不同的方案,让一部分用户使用 A 方案进行试验,另一部分用户使用 B 方案进行试验,最终统计并比较不同方案呈现的数据,以决定优化方向。

A/B 测试常用于体验优化、转化率优化、广告优化等应用场景。尤其是当团队对产品有 2 个方向的设计意见纷争时,A/B 测将成为最有效的判断评估手段。项目团队通过对不同版本进行对比试验,结合数据驱动分析,持续不断优化,降低新产品或新特性发布的风险,提高成功率及转化率。

2.3 深入了解用户群体：民族志方法

在前文中，已经介绍了一系列基本且常用的用户研究方法，这些方法的综合应用能够帮助我们迅速全面地了解用户的多个层面。然而，用户研究的范围远不止于此。有些深层次的用户洞察需要团队通过长时间参与用户的日常生活来获取。因此，本节将探讨一种特殊的研究方法：民族志研究。

2.3.1 民族志概述

民族志是一种基于参与的理解文化生活的方法，它能够在理解人们在做什么的基础上，进一步理解人们做某件事时的共情体验，更深度且全面地了解一个人群。在交互设计领域，民族志最早应用于计算机支持协同工作（CSCW）领域，随后应用于普适计算的替代交互模式研究。民族志最常用于家庭生活、体验设计、文化分析等领域，用于进行人类行为的分析。

不同的人类学家对民族志有不一样的理解，例如，"在搜集数据时刻意产生比调查者所意识到的更多的数据""试图用自我或尽可能多的自我来理解另一个生命的世界"。这些观点都离不开以下民族志的特点。

（1）民族志的数据是要到场景中去获得并生成的，不是简单的积累。民族志要求参与者带着具体的目标和问题实际参与其中，并进行较长时间周期的工作，而不是作为旁观者进行短时间的记录观察。

（2）民族志需要我们产生比"调查"行为更多的数据。它需要我们深入到场景中，通过亲自行动和互动参与现场产生数据，再进行分析。与调查的定义问题、搜集数据、记录、分析、报告流程不同的是，民族志需要我们有一个解释、思考的过程，并结合自己的亲身体验不断重复思考。

（3）民族志研究的范围是"生活世界"，比交互研究的"任务"更大、更广泛，往往我们的交互研究只是民族志研究中的一个小部分。例如，当我们要开展"线上会议软件"的设计时，民族志研究的范围则是该公司一整天、一整周的工作场景，并覆盖到每一个员工层。民族志试图理解并共情人类的活动，并在此基础上开展交互设计研究。

（4）民族志研究者要对自我有关注与认知，因为民族志研究者实际上也是现场的当事人，他们的行为也会对环境产生影响，就像其他参与者一样。因此他所感受到、看到、听到的东西实际上就是数据结论的一部分，从自我出发对这些数据进行记录、分析和思考是民族志的核心所在。

2.3.2 民族志与交互设计

在进行交互设计时，设计师首先需要深入了解用户所面临的问题，以及最有效地解决这些问题的方法。此外,还需要了解用户如何使用产品和服务,以及在何种情境下使用等详细信息。在这一方面,民族志研究提供了一种强大的工具,能够帮助研究者深入探究用户的生活习惯、消费能力、宗教信仰、性格特征等问题,并生成具体的生活画像。

民族志研究者采用沉浸式参与的方法来生成民族志数据,将主观性和反思性视为研究方法的重要组成部分,并在现场的限制性条件下持怀疑态度,对研究者和参与者采取解释性立场。在交互设计研究中,民族志研究者设定具体场景,以探索用户需求为目标,采用沉浸式参与的调查方式,观察并与用户产生共情。通过对用户真实生活方式的研究,民族志研究有助于解释未被满足的需求。

1. 民族志与普适性

交互设计的追求通常是产品与服务的通用性,以满足不同人群的需求。然而,民族志研究专注于特定人群的特殊性,与交互设计存在较大差异。尽管如此,民族志的方法对于人群研究仍具有重要意义,可以通过消除特殊性的方式来实现通用性。

首先,民族志研究有助于我们识别特殊性。当运用民族志方法研究多个不同的特殊人群时,可以从研究结论中找到这些人群之间的共性和差异,将这些差异排除后,得到的共性通常代表了人群的通用性。此外,还可以运用科学方法观察和分析人群,通过建立语料库等手段来帮助研究者更轻松地理解研究材料,在研究和论文调查等工作中更加科学地处理数据。

2. 民族志与设计

民族志在设计过程中并不扮演着工具性的角色,它不是一系列具体的操作步骤,而是一种协助用户理解事物的方法。民族志研究有助于提出问题、挑战设计,将设计师原本熟悉的主题、地点和环境陌生化,从全新的角度审视问题。此外,民族志还能够引起我们关注被忽视的问题,为那些未被表达的观点发声,从而催生新的概念和解释。

有人可能错误地将民族志视为为设计提供灵感,但实际上,民族志在设计中起到一种"稳定"作用。灵感激发是设计思维的领域,而民族志的核心任务是通过提出问题来挑战设计,实现各种方面的优化。最佳的方式是先利用设计思维来开发创意和灵感,然后通过民族志的研究方法将这些不确定的观念稳固下来,使其具有更明确的基础。

3. 民族志与文化分析

民族志在交互设计中通常发挥着文化分析的作用,主要用于进行人文社会的启发性分析。当前,交互设计领域越来越关注人文社会科学相关的因素。交互设计师需要关注的不仅仅是产品的易用性、成本和目的性,还包括产品是否融入目标用户群体中,是否与人文环境相契合。同时,许多产品如社交平台(如 Bilibili、微博等)也正在塑造新的文化。

因此,运用民族志方法,可以实现以下两个目标。首先,能够更深刻地理解目标场景和用户的人文环境，从而在设计中更好地考虑文化差异，以提高文化认可度。其次，可以将交互系统视为社会和文化生产的场所，通过研究了解产品和服务来催生新的文化。

在交互设计中，民族志通过各种沉浸式和参与式的观察方法发挥多重作用，它有助于总结用户群体的共性，稳定设计概念，并进行文化分析等。当我们将民族志研究应用于交互设计时，不应将其看作得出特定结论的工具，而应更加开放地将其用于研究特定群体和地理环境，以便在意想不到的地方发现更多有价值的结论。

2.3.3 民族志常见的问题

我们已经介绍了民族志的定义、概念、历史，以及与交互设计之间的关系，但尚未详细介绍如何进行民族志研究。这是因为在交互设计领域，主要集中于民族志的阅读、评论或将其应用于设计的实践，而非实际执行民族志研究。因此，本书的目标不是教授如何执行民族志研究，而是讨论民族志如何对交互设计产生影响及如何应用它。我们的目标是帮助设计研究者在需要使用民族志相关知识时，能够评估民族志研究的价值。

首先，需要明确一点，民族志研究者不仅仅是观察者，他们还是环境的参与者。虽然民族志研究者以权威和学术方式来描述他人的生活、习惯、文化等，但实际上他们积极参与研究环境，通过自身的沉浸式参与方式来影响人群和环境，将观察和反思的结果记录下来，以此呈现参与式研究的成果。

其次，我们经常忽视了民族志语料库的重要性。这些语料库是非常有价值的资源。在设计中，民族志语料库不一定要与特定的时间、地点或事件直接相关，但它可以成为解读、补充和评论的有用资源。因此，当需要用民族志研究来辅助设计时，除了考虑结论材料，也可以尝试查阅语料库以获取更多灵感。

民族志的核心价值在于揭示不同寻常的事物、现象和人群，发现那些隐藏的观点，填补设计师的知识空白。从材料的角度来看，民族志研究可以将声明、言论和行为作为文件证据，为设计提供新的支持。

最后，需要强调的是，民族志为交互设计提供的价值并不在于设计本身。它不是交互设计流程的一种方法或工具，不能直接激发创意。民族志的真正价值在于与设计的互动，它改变了我们看待设计问题的方式，有助于稳定那些富有创意的思想。民族志的语料库还可以帮助我们以不同的层次来审视设计问题，更有效地参与设计过程。

2.4 到社区中开展行动研究

另一项用户研究方法，即行动研究，同样需要研究者深入人群进行调查。不同于民族志方法的是，行动研究是有特定目标的研究方法，它在社区中进行一系列定性研究和定量研究，包括设计原型和解决方案的研究。而民族志则更侧重于全面了解人群，而非为特定目的而进行研究。

2.4.1 行动研究概述

行动研究是一种通过与社区互动解决问题并创造学术知识的方法。它汇集了一系列定量和定性方法，通过这些不同的方法实施社区工作，以获得实际成果。在交互设计领域，行动研究通常用于观察产品和服务在社区中的用户使用情况，并作为推动变革的一种方法。

行动研究将研究工作与用户的日常生活相结合，以探索问题，具有民主和跨学科的特点。它强调采用特定背景下的本地化解决方案，而非通用于所有情境的方案。因此，在进行行动研究之前，需要深入了解目标社区和相关人员的背景，这不仅有助于推动研究，还会使未来的研究者能够在类似情况下重复使用相同的研究资料。

由于行动研究需要研究者亲自参与特定社区的研究工作，因此研究者需要扮演协调员、领导者和教练的角色。协调员的任务是干预行为和研究过程，以确保社区的各方能够与研究团队合作。领导者负责管理参与者的职责和专长，并安排他们的活动顺序。教练的职责是激发参与者的灵感，鼓励他们提出观点，并将这些观点纳入项目中。

2.4.2 行动研究的开展

行动研究需要我们参与到用户、社区中开展研究，它需要遵照一定的研究流程来开展，以保证研究的可靠。本节将介绍行动研究的开展方法，帮助读者开展行动研究，或者判断行动研究成果的可靠性。

1. 与合作伙伴建立关系

在行动研究中，第一步不是急于设置研究目标与问题，而是与社区人员、合作伙伴建立关系，以便联合设计研究问题。由于行动研究要求我们以跨学科、包容性的态度开展研究，因此启动时不应单纯地从研究人员的角度片面展开，而是要综合来自不同职位、角色、专业的合作伙伴的意见共同设置研究目标。合作伙伴可以是研究人员选择的具有某一特征的群体，或者能够长期稳定进行合作的对象。例如针对咖啡店的服务流程开展行动研究，我们可以招募对咖啡有需求，且能长期参与合作的附近公司的上班族作为合作伙伴。也可以招募一些对研究背景有更具体了解的合作者，将其征聘为研究人员，例如，咖啡店的咖啡师就是一个不错的选择。

2. 研究问题和问题陈述

建立合作关系以后，研究团队可以着手开始进行研究问题定义和问题陈述。行动研究通过干预、干涉人的行动来获得发现，并且在研究过程中要经常调整研究行为。因此，在进行干预前需要先有针对性地设计出愿景和陈述。一个明确的愿景陈述能够使行动研究团队共同定义问题，并开发出各种解决方法；在社区发生变化时也能有一个即时调整研究方法的核心思想。愿景通常来自于实质性的现场工作，如调研、访谈、沉浸式观察等。

有了愿景以后，就可以提出更具体化的行动陈述，它可能是一系列行为的变更清单、一系列活动流程等。这些行为陈述在一开始并不容易设计，因为它会直接影响参与者的日常生活。可以从部分行动开始进行行动陈述设计，获得参与者的支持并与他们保持积极联系，再逐步扩大我们的干预范围。这些行动设计必须与整个研究团队及参与者协商开展，以保证在项目早期能够增强团队成员的信任感，有助于避免各种潜在的问题。

3. 行动和干预措施

在行动研究的研究过程中，往往是对技术、产品、服务、流程对社会的变革进行研究，并在研究过程中不断调整。这些不同研究元素的干预措施一般不会单独出现，例如，在环境中置入一个新产品时，根据其目标用户和使用方法，整个环境的行为流程也会有相应的改变。为了不让局面不受控而走向崩溃，在开展行动研究时也需要对相应的行为流程预先进行定义和干预。也就是说，技术设计和组织设计是不可分割的，在开展行动研究时，需要结合特定的行为和技术拟部署的组织特征来进行必要的设计。

参与式设计、民族志、行动研究在这个过程中经常被混淆，它们确实都是需要与参与者深度合作，在某个环境下开展研究，但它们在本质上有较大的差别。参与式设计的范围通常局限于解决方案的设计，是从解决方案出发，集合研究团队与参与者的智慧来对此进行评估。民族志的范围较大，通常没有一个具体的问题定义，而是选定一个环境或人群进行沉浸式的参与式观察，以发现人群的各类特征属性。行动研究的范围介于这两者之间，它从具体的问题与愿景出发，更注重研究而非解决方案。行动研究的目的不是找到最佳解决方案，而是通过参与变革来加深理解，并通过长期接触，在产生更好的解决方案的同时探索一系列与人群行动行为有关的结论。

在开展干预时，行动研究团队必须经过深思熟虑后再提出干预措施，以避免反复修改干预措施，而导致参与者无法长期进行某项活动，甚至对行动产生混乱。应把关注焦点放在参与者被干预后的学习成果上，探索在进行干预后参与者的行为变化与感受，而不是放在设计或者干预措施是否成功上，可以尝试一些有风险的干预措施。

4. 评估

行动研究的评估也是一项需要提前进行定义的计划，在开展评估前需要决定：谁来进行评估？评估的内容是什么？决策过程是怎样的？评估策略是什么？评估的权力结构是什么？等等。行动研究的评估试图为社区、参与者、利益相关方提供他们希望得到的问题答案，因此它的评估标准并不会参照一套固定的标准来衡量，而是针对环境与人群定制化开展。

为了对具体的问题开展评估，行动研究人员经常要在研究过程中采取一些调研、观察、访谈等传统措施。理想情况下，这些措施可以与行动研究同时进行，但往往在进行这些评估措施时，我们的行动研究会中断，这并不会影响研究效果，反而为行动研究留下了缓冲空间，能够根据评估实时进行调整。

在进行评估时，要避免成为研究人员的"一言堂"。由于研究人员对行动研究有更多的了解，对资料文献的知识储备较充足，学术素养较高，并且研究人员很清楚学术界更感兴趣的内容，因此他们往往会对评估进行过多的干涉，优先对自己期待的内容开展评估。这种情况会导致行动研究无法形成有意义的结论，要始终记住研究人员是团队的协调组，需要确保站在整个团队包括参与者的角度，让研究的各个视角都得以呈现。

5. 知识共享和文件记录

行动研究最终需要我们与参与的合作伙伴合作编写书面材料，一般分为三种：为当地社区编写的报告，为那些与社区合作伙伴联系最紧密的研究人员撰写的学术报告，为研究协调员所在的研究社区撰写的学术报告。

为当地社区编写的报告一般采用书面形式，通过准确的语言来体现参与者的思考，作为项目的正式记录。这些内容往往会超出书面报告的形式，例如会有配套的幻灯片、视频，甚至出现表演、舞台剧等形式，用于记录行动研究过程中的一些故事、行为。

编写报告有多重的用途与意义。首先，编写报告时需要研究团队聚集在一起思考，认真地向其他人或外界表明他们的回应及他们的思考结论。其次，这些报告能够为利益相关人、资助者、管理人员等提供行动研究的进展情况和最新状况，保证研究的稳定进行。最后，这些报告能够让一些当地受众了解我们正在进行的工作，起到推广作用。

6. 离开研究现场

虽然行动研究并没有明确的结束时间，但基于各种限制，研究人员不可避免地会离开研究现场。行动研究受外部影响较多，无论是社区管理规定、资金来源、气候环境等，都会影响行动研究的顺利进行。因此，在开展行动研究时，需要做好随时中断研究、离开研究现场的准备。有时候离开研究现场代表着研究结束，但也有许多离开研究现场后能够将研究保持下去的案例。

行动研究最理想的目标是实现可持续的变革，也就是说研究人员离开后，社区的合作伙伴可以保持已经取得的积极变革并继续进行下去。这种情况一般发生在针对新政策、新项目、新流程、新服务体系的行动研究中，而极少出现在新技术、新产品的行动研究中。因为往往在研究结束后，研究团队需要将技术和产品回收。

本节具体介绍了行动研究的定义、特征、应用方向、常见误区、流程、注意事项等知识。行动研究不是一个具体的实践方法，而是一系列方法的合集，是开展研究的指导思想。在进行行动研究前，建议大家先对各种用户研究方法、原型测试方法、数据分析方法有一定的了解，才能将其运用在行动研究中。

2.5 在线用户研究：网络社区

除了实地进行用户研究，如今互联网也有大量的用户数据等待被发掘。网络社区是随着互联网发展而产生的数字社区形态，它由大量的用户组成，是如今人们日常生活中不可或缺的成分。对网络社区开展研究，主要是了解界面设计、功能设计、算法设计等解决方案在网络社交互动中的应用，不仅如此，还可以利用网络社区对某些人群、某一问题进行调研、讨论，将网络社区作为研究工具来开展用户研究。

2.5.1 将网络社区作为研究平台

网络社区研究起源于 20 世纪 90 年代，当时的理念认为，人工产物承载了用户行为的需求，因此对某一人工产物的研究等同于对这些行为需求的研究。随着互联网的迅速发展，人们开始创建各种网络社区以满足在线社交、购物等多样化需求。这进一步推动了不同类型的网络社区的设计与研究，也就相当于对用户之间的社交互动进行研究。

网络社区不仅是一种产品、服务或解决方案，它本身也是一个重要的研究平台，可用于研究各种不同类型的问题。例如，心理学、社会学等其他学科已经意识到网络社区是一个新的社交场所，开始将网络社区用作研究平台，进行问卷调查、行为观察等各种研究实验。与一般的用户研究不同，网络社区需要主动招募用户参与实验，互联网吸引了来自全球各地、不同背景的大量访问者，研究人员能够直接利用用户在互联网上的行为数据，以探索用户的行为需求。这具有数据量庞大、私密性好等优势。

2.5.2 网络社区的挑战与风险

一般来说，随着访问级别的提升，我们可以有更强大的方法和手段开展研究。但是成本与风险也会随之增加，例如组建团队，设计、构建、开发、维护社区等都是研究的成本；而风险则是得不到相应的回报，例如创建了一个新的社区但却无法吸引用户参与。在网络社区开展研究时，需要先了解可能遇到的挑战与风险，再基于研究目标来判断需要通过何种级别的设计开展网络社区研究。

网络社区研究团队需要具备跨学科知识和技能，包括计算机学科的算法开发和软件工程，设计学科的用户界面设计，心理学的用户研究，社会学的社会理论和方法，或者其他相关的学科。要能集齐这样的团队，或是找到综合能力强的研究者，是一件不容易的事，成本并不低。同样地，在开展网络研究的过程中若突然发现团队中缺少拥有某个技能的专家，也是一项潜在风险。

设计、构建、开发、维护网络社区的成本是相当可观的。不仅需要设计、开发出可靠且强大，能够满足用户社区需求的网络社区；网络社区若要上线并接触到真实用户，还需要进行版本控制、代码评审、项目管理、后期维护、平台注册等一系列操作，其中还涉及购买服务器、聘请维护人员等消耗。并且，许多研究人员只是想利用网络社区开展一些研究，并不了解这些工具、技能，需要为了开展研究学习很多新的知识，这也是一项成本。

有时候为了平衡研究目标与系统和社区成员的需求，我们会进行一些取舍。例如为了吸引用户进入到网络社区中开展活动，我们引入了一些引人入胜的新功能，而弱化了真正想要用户进行的工作。而在吸引用户后，将希望研究的功能推出后是否能够保持用户的存留就是一个较大的风险。

网络社区的系统有时必须要根据当前的技术条件重新设计和开发，以适应新的设备操作、网络体系等。例如过去的手机以按键和小屏幕为主，如今的手机多为大屏幕触摸屏手机，那么基于手机打造的网络社区软件必须重新设计开发。这对于研究团队来说不仅是一个较大的成本，同样也伴随着开发后效果不如从前的风险。

通过网络社区接触真实用户，并与用户交流，有可能需要花费大量的时间与精力。因为远程线上交流沟通本就比线下互动缺少肢体语言、眼神接触等内容，更难传递想法。而且我们也无法保证远方的用户真的在认真地与研究团队交流，他可能一心二用或随时突然离开。

接下来将介绍几个将网络社区作为研究平台的具体应用案例，以帮助大家更具体地了解网络社区对于研究来说的价值。

2.5.3 基于网络平台的研究案例

1. 哔哩哔哩

哔哩哔哩（简称"B 站"）作为中国的一个主要视频社区平台，最初聚焦于动画、漫画内容，逐渐发展成为涵盖多个领域的内容广泛的平台。B 站的弹幕功能为其社区互动增添了独特的魅力，使得实时评论成为加强用户参与的一个重要工具。

在数据分析方面，B 站主要依靠用户产生的内容和互动数据进行研究。例如，研究者可以通过分析视频的观看次数、用户间的弹幕交互和评论，以及用户上传的频率，来判断哪些内容最受欢迎及用户的活跃程度。这一用户基础以年轻人为主，他们的观看和互动模式显示出平台在吸引和维持用户方面的强大能力。同时，活跃用户的互动高峰期为内容发布和推广策略提供了关键的时机点。

B 站的社区文化充满活力，由年轻人的兴趣主导，社区成员不仅是内容的消费者，也是创作者和社区建设者。通过分析那些成功的内容创造者，可以揭示他们如何根据受众反馈和平台算法优化其内容的策略。这种深入的分析有助于更全面地理解 B 站的用户行为和社区特性，为内容创作者和平台运营者提供宝贵的洞见，进一步推动平台的持续发展和优化。

2. 小红书

小红书是 2013 年推出的一个短视频和图文分享平台，在平台中用户分为创作者和普通用户。创作者通过小红书分享生活点滴、购物心得和各类生活，为平台提供大量的自制内容；而普通用户则通过浏览、点赞、评论和转发等方式参与社区互动，共同打造了一个以生活方式为核心的社区。目前，已有社会学、心理学相关的研究利用小红书来理解不同人群，开展相关的用户研究，例如分析用户行为模式、社交网络结构和消费心理。同时，商业界也大量地利用这一平台进行用户需求的分析与市场研究，例如通过平台中用户们对某品牌发布的相关内容来进行品牌影响力和消费者偏好的研究，以及利用数据分析预测市场趋势和优化营销策略。小红书的数据分析系统虽然主要服务于平台运营和商业应用，但其丰富的用户生成内容和活跃的社区氛围，为研究者提供了一个理解中国消费者行为和市场趋势的宝贵窗口。

本节详细介绍了网络社区作为一个研究平台的发展历程。网络社区具有众多优势，包括丰富的数据量、用户容易获取、研究变量可控性等。它不仅适用于研究网络社区内部的具体问题，还可用于招募用户参与各种其他类型的研究。

本节旨在帮助读者更好地判断与网络社区相关的学术研究的可信度，同时也希望读者能够对网络社区研究的具体实践方法有一定的了解，并积极尝试开展研究工作。

2.6　用户研究在设计中的应用

前文介绍了各种定性和定量的用户研究方法，这些方法在交互设计的不同阶段都有广泛的应用。用户研究在设计流程的早期阶段用于了解用户需求，有助于为交互设计提供明确的方向。在设计流程的后期阶段，用户研究可用于评估设计原型并进行迭代。

如图2-2所示，本书采用双钻模型的4个阶段来介绍用户研究在不同设计阶段的应用建议。第一个钻石形状代表了"问题空间"，在这个阶段，设计团队通过研究和探索用户、市场、技术等各个方面来发现问题并找到解决问题的机会。具体的阶段如下。

（1）发现：在这一阶段，设计团队利用各种方法，如访谈、观察、田野调查和竞品分析，了解用户的需求、市场趋势、技术创新等，以发现设计问题和机会。用户研究有助于深入了解现有和潜在用户的文化背景、生活方式，以及他们对不同产品的使用情况。此外，用户研究还可以帮助企业了解品牌特征、策略规划、政策环境、竞争对手、行业趋势和技术发展等方面的信息。

（2）定义：在定义阶段，设计团队需要对问题进行深入分析和定义，以确保明确问题的根本原因和范围。用户研究在这一阶段用于定义目标用户群体及其核心需求，挖掘设计机会点，制定服务设计策略，并明确设计方向。团队可以使用用户旅程图、利益相关者图、商业模式画布、SWOT分析等方法，以明确用户需求。

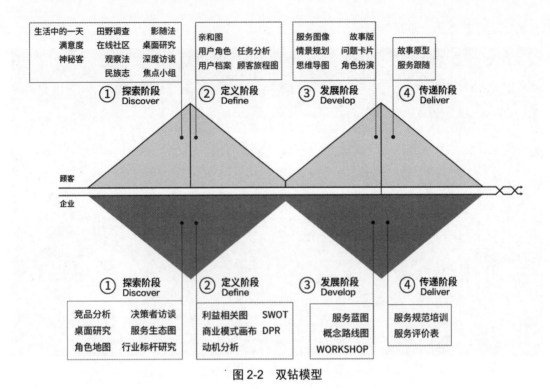

图 2-2 双钻模型

第二个钻石形状代表了"解决方案空间",在这个阶段,设计团队通过创意和试验来开发和测试解决方案,并将最佳方案推向市场。具体的阶段如下。

(1)开发:在开发阶段,设计团队开始创造各种解决方案,并进行初步的测试和评估,以确定哪些方案应该继续发展。用户研究有助于构思解决方案,包括产品与用户互动方式、服务中间环节、接触点、渠道,以及企业内部需求提供支持的方式。在这一阶段,可以使用故事板、角色扮演、情景规划、服务蓝图等方法,模拟用户与产品和服务的互动过程,以了解后续问题。

(2)交付:在交付阶段,设计团队将最佳解决方案推向市场,并继续优化和改进,以确保产品或服务满足用户的需求和期望。用户研究可用于反思设计解决方案,包括设计原型的创建和评估,以评估设计的可用性和易用性等方面。

2.7 作业/反思

1. 针对某一问题开展用户研究,尝试进行访谈、观察、问卷调查等基本方法。思考如何编写访谈提纲、如何设计问卷。

2. 针对某一场景进行基本用户研究,并构建核心用户画像。用户画像可包含用户的基本属性及关键特征，如图 2-3 所示。

图 2-3　教育领域用户画像

第3章

信息设计——信息的处理、分析、架构和表现

人们的日常生活中充斥着各种信息,包括时间、地点、天气、餐厅菜单、候车表及商品详情等。这些信息需要以有效的方式传达给人们。在交互设计领域,设计师的任务不仅仅是通过设计来解决问题,还包括通过设计来更好地传达信息给用户。因此,信息的收集、处理、分析和结构化,以及最终选择适当的表达方式,都是交互设计师必须掌握的核心领域。

尤其在当前数字信息过载的时代,信息设计已成为交互设计师不可或缺的基本技能和素养。信息设计同样要求我们站在用户的角度去思考,因为不同的用户群体需要不同的信息结构和呈现方式。例如,对于一般大众,通常使用信息图形来传达信息;而对于数据分析师,则可以使用数据可视化图表来呈现信息。

本章将系统地介绍信息设计的基本概念、信息设计的表达方法、信息架构的分析和表现,以及信息美学等知识。这将有助于交互设计的学者快速掌握信息设计知识,并能够迅速应用于实践中。此外,还将介绍扎根理论,这是一种适用于交互设计师的定性研究方法,可用于收信息并归纳出理论,特别针对某一现象进行深入研究。

3.1 信息设计

3.1.1 信息设计的历史

信息设计(Information Design)是一个涉及信息处理技巧和实践的领域。早在19世

纪 50 年代，信息设计因其卓越的信息分析能力而受到广泛认可。在当时，伦敦面临卫生危机，包括垃圾未能及时清理、清洁水资源短缺及下水管道系统不健全等，导致伦敦成为流行病蔓延的温床。普遍观念认为霍乱是通过空气传播的，即人们会因吸入所谓的"瘴气"或与霍乱患者接触而感染这一疾病。然而，英国的流行病学家 John Snow 对这种观点持怀疑态度，他决定通过深入调查来验证自己的疑虑。

为了查明这种致命疾病的根源，John Snow 创建了一份信息图，以地图的形式标示出霍乱患者的位置，从而揭示了霍乱疫情的源头——位到 Broad 大街（今 Broadwick 大街）的公共水泵，如图 3-1 所示。通过翔实的数据，他证明了水源水质与霍乱的关联，揭示了供水商从受下水道污染的泰晤士河段取水供应给市民的实际情况，从而导致了霍乱病例的增加。这一历史事件凸显了信息设计的力量，其能力不仅在信息分析方面得到了体现，还在公共卫生和流行病学领域发挥了关键作用。

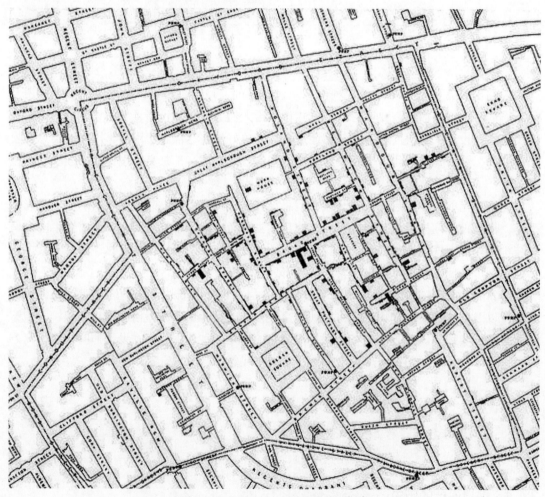

图 3-1　John Snow 创建的霍乱疫情图

第 3 章 信息设计——信息的处理、分析、架构和表现

1861 年,法国工程师 Charles Joseph Minard 绘制了拿破仑东征俄国的信息图表,如图 3-2 所示。这一作品被 Edward Tufte 誉为统计图表领域的巅峰之作。该信息图表详细记录了拿破仑在 1812 年至 1813 年间对俄国的军事进攻,以及遭受的灾难性损失。Minard 运用信息设计的原则,结合数据分析和可视化表达,精妙地呈现了法军东征俄国的过程。即便对历史不甚了解的观众,也能通过这一信息图表直观地感受到拿破仑的 40 万大军如何在长途跋涉和严寒之中逐渐溃散。

这张图表不仅高效地呈现了统计信息,还融合了历史和人文背景,因此常被用作统计和设计课程的教学经典,被誉为信息可视化领域的标杆教材。

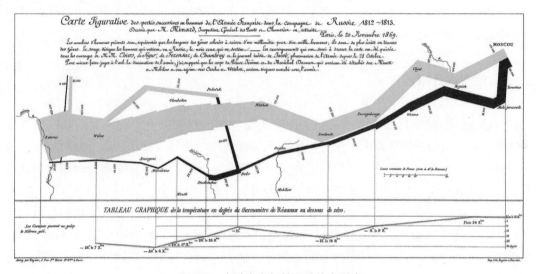

图 3-2 拿破仑东征俄国的信息图表

在早期,信息设计的核心职责是信息的有效呈现,因此,作为平面设计的一个分支,信息设计通常嵌入于平面设计课程中。

在 20 世纪 70 年代,英国伦敦的平面设计师特格拉姆使用了"信息设计(Information Design)"这个术语,目的是将信息设计与传统的平面设计、产品设计等平行设计领域区分开来。随后,信息设计开始摆脱平面设计的束缚,成为一个独立的学科领域。信息设计的核心目标是实现信息的有效传递,这与平面设计强调"艺术表现"的特点形成了鲜明对比。随着越来越多的平面设计师开始采用"信息设计"这一术语,以及 1979 年 *Information Design Journal* 杂志创刊,信息设计逐渐确立了在学术界的地位。

在 20 世纪 60 年代初至 70 年代末,*Typographic Research* 杂志(原名 *Visible Language* 杂志)刊登了一系列关于信息设计的研究文章。该杂志的编辑 Merald Wrolstad 还组织了一系列名为 Visible Language 的学术会议,吸引了设计师、心理学家、语言学家、界面工程师等跨学科专家的参与。

随着时间的推移,信息设计逐渐扩展到文本、语言和数据等多领域,并引入了语言学、统计学等学科。信息设计的呈现方式也变得更加复杂,需要加入更多用户测试,运用

心理学实验技巧，这在传统平面设计中相对罕见。

今天，信息设计在计算机和设计领域都有了显著发展。在计算机领域，信息设计更加关注"数据可视化"研究，这是一门以数据分析为主、呈现为辅的学科，图形化设计则是传达和交流信息的工具。数据可视化利用高级技术方法，对数据进行统计、建模和计算，然后以图形、图像处理、计算机视觉、用户界面和动画等方式呈现。

而在设计领域，信息设计更强调信息的呈现方式，要同时满足审美需求、情感需求和思辨需求。设计领域的研究者通常尝试各种新的信息呈现方式，寻求平衡详细信息和审美体验。虽然信息设计需要关注信息的处理和呈现，但不同的学科背景和专业领域仍然有不同的侧重点。作为交互设计师，需要更加注重信息的呈现部分，并在进行信息设计时以用户为中心，积极考虑信息呈现的效果。

3.1.2 信息设计概述

信息设计涵盖信息处理和信息呈现两个关键领域，通常用于呈现关键信息以解决各种问题。信息设计的受众范围广泛，例如在机场或地铁中的导视标示，其受众对象是广泛的，涵盖了各类旅客。此外，信息设计也可以面向特定人群，例如为某些公司制定的业绩报告，其受众是商业用户群，或者仅限于熟悉相关内容的公司员工。

与产品的视觉设计、交互设计和工业设计相比，信息设计的主要任务是增强目标用户对产品的信任。例如，信息设计可以涉及 App 的操作引导、工业机械产品的使用手册、软件安装的进度条，或者飞机舱门上的紧急开启说明。只有当用户能够轻松理解并信任这些说明性信息时，才能安心使用产品。换句话说，由于用户需要明确获得并信任这些信息，因此信息设计师必须想方设法有效地将这些信息传递给目标用户。与产品的其他设计领域（如外观设计）相比，信息设计更能影响用户的决策过程。用户对产品的理解将直接影响他们的使用方式。因此，信息设计师需要更深入地了解用户需求，这种理解通常通过各种用户测试方法获得。

3.1.3 生活中的信息设计

我们周边的常见事物都充满了信息设计的元素，无论大小，无论是物品的包装还是建筑的形态，都融入了信息设计的精妙构思。信息设计通过文字、图形、声音、颜色、材质等元素的组合，旨在有效传达特定信息。

钟表可谓是世界上得到最广泛认知的信息图示之一，几乎每个人在成长过程中都需学会如何认识钟表，甚至在某些国家，钟表认识也纳入了小学教育课程，如图 3-3 所示。钟表上的 3 个指针以不同的速度在表盘上旋转，巧妙地呈现详尽的时间信息。通过区分时针、分针和秒针，钟表以精巧的方式将时间的 3 个维度呈现在同一平面上，构成了精准而高效的信息传递工具。

MyCuppa Tea 是一款采用信息设计手法的杯子，通过不同颜色来显示奶茶的浓度，将茶与牛奶的比例直观地呈现出来，如图 3-4 所示。对于那些不常制作奶茶的用户来说，掌握适当的饮品浓度可能是一个相对困难的任务。然而，这款杯子通过简单的颜色辨识方法，使用户可以轻松地调配出符合他们口味的奶茶浓度。

图 3-3 钟表　　　　　　　图 3-4 MyCuppa Tea 杯子

EKO 是一项将交通信号灯与持续时间相结合的信息设计创新，如图 3-5 所示。与行人通行的交通灯不同，通常情况下道路上的交通信号灯并未明确显示剩余持续时间，这给驾驶员进行时间预估带来了不便。为了应对这一问题，EKO 设计采用了环形刻度的方式，以清晰可见的方式呈现剩余时间，使道路上的驾驶员能够准确判断需要等待的时间及是否需要熄火等操作。

图 3-5 EKO 交通信号灯

红绿灯通常以颜色来表明当前道路的通行状态，但对于色盲或色弱的个体来说，红绿灯的辨识体验受到明显影响。即便通过亮度差异进行一定程度的区分，仍然存在误识别的可能性。由 Jiyoun Kim 等人设计的 Uni-Signal 提出了一种创新性的解决方案，将特定形状与红绿灯颜色相结合，不仅依赖于颜色区分，而且还引入了一致的形状符号，以进一步区分红绿灯信号，如图 3-6 所示。这种信息传达方式在传统红绿灯的基础上增加了一个独立的标识信号，使色盲或色弱用户能够轻松辨别红绿灯信号，提高了识别的准确性。

图 3-6　Uni-Signal 通用红绿灯

除了上述生活中的案例，信息设计还被大量应用于平面产品中。尤其是为了展示某些复杂信息，平面设计师需要对信息加以分析，并用最适合的方式呈现出来。图 3-7 所示为奥林匹克运动会的宣传手册，用清晰的图表来展示奥运会与世界纪录的类别与历史变更。

图 3-7　奥林匹克运动会上展开的双页宣传：奥林匹克和世界纪录

此外，网页设计也是信息设计的一个显著示例，它是交互设计师在实践中最常接触的领域之一。网页以其可交互性质，成为整合、表达和呈现大量复杂信息的强有力工具。以图 3-8 所示的 TED 官方网站为例，通过顶部的一级导航将整个网站内容划分为 6 个主要部分每个部分进一步采用垂直二级菜单来呈现不同的信息，这是网页设计中一种经典的信息组织方式。

第 3 章　信息设计——信息的处理、分析、架构和表现

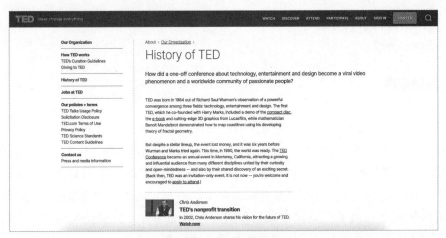

图 3-8　TED 官方网站

与地图融合的信息设计是一种广泛应用的信息设计类型，在日常生活中常常遇到，包括公交线路图、地铁线路图、交通状况地图等。图 3-9 和图 3-10 展示了由 FaberNovel 为法国电信领军企业 Orange 所设计的信息地图，通过监测法国巴黎国际音乐节和北京新年夜期间产生的手机数据，将这些数据与地理位置进行匹配，并在地图上进行展示如图 3-10 所示。

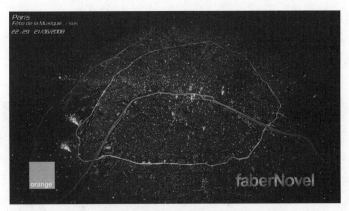

图 3-9　FaberNovel 设计的巴黎短信 3D 视觉化

图 3-10　FaberNovel 与法国电信、北京中国移动开展北京项目

3.2 信息设计方法

3.2.1 视觉叙事

视觉叙事（Visual Narrative）是通过图像来讲述一个具体故事的方法，这些图像包括静态摄影、动态电影或交互式数字游戏等。视觉叙事的主要目的在于以视觉元素的组合方式，将某一故事或思想传达给不同语言背景的观众，使人们能够相互理解，而无须大量对话或文字。视觉叙事通常由3个要素构成：视觉、故事、叙事。故事是指一系列由时间、人物、事件按照某一因果关系发生联系和组合起来的事件。叙事是指讲述一个故事的行为，或者故事本身呈现的顺序。叙事是信息设计师需要考虑的一个元素，叙事的方式、节奏、媒介都会影响用户对故事本身的理解。

漫画是视觉叙事非常经典的应用，通过组织一幕幕画面，来叙述一个非常完整的故事。图3-11所示为日本漫画《约定的梦幻岛》中的一页战斗画面，它以平行式的构图、一黑一白的色彩对比、子弹的象征意义，通过多种设计方法表现出强烈对立的战斗画面。通过这样简单的一张图片，无须文字，人们也能感受到画面要突出的主题，并感受到双方对立的紧张感、压抑感。

广告行业也经常使用视觉叙事手法，常以图片、视频的形式，用简单的画面让用户对产品感兴趣，对产品产生某些印象，并形成购买欲望。图3-12所示的Tabasco辣椒酱的广告，用红色表现了火热火辣的感受，并结合灭火器的形象进行象征、联想，给人留下了深刻的印象。

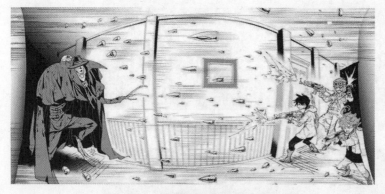

图 3-11　日本漫画《约定的梦幻岛》　　　　图 3-12　Tabasco 辣椒酱广告

3.2.2 信息图形

信息图形（Infographic）是指数据、信息或知识的可视化形式，使得信息更加高效地交流。信息图形通过一定的视觉元素系统，将复杂的信息用简单、直接、连贯和全面的方式进行展示。信息图形常用于各种分析系统、报告中,也常见于人们的生活。

信息图形的分类有很多种,它们是各种元素的组合,信息设计师木村博之将信息图形分为六大类:图解、图表、表格、统计图、地图和图形符号,如图 3-13 所示。

(1)图解:是指运用插图对事物进行说明。图解一般会用单个比较具象的图形来展示某些信息。

(2)图表:运用图形、线条及插图等手段,阐明事物的相互关系。图表一般会结合数据、信息逻辑等内容进行复杂信息的呈现。

(3)表格:是指根据特定信息尺度标准设置纵轴与横轴,将信息摆放在其中。表格经常需要结合文字和数据进行信息的整理编辑,常用于进行信息的统计及数据的分析等。

(4)统计图:统计图通过数值结合图形,来表现变化趋势或进行数据的比较。统计图有多种方式,如柱状图、折线图、饼图等都可以用作统计图。

(5)地图:结合具体现实空间,描述特定区域、空间和某些类型信息的关系。例如路况图、疫情分布图等,通过地图结合信息的方式很直观地展示了现实世界的某些信息。

(6)图形符号:不使用文字,运用抽象简单的图画直接传达信息。图形符号常用象征的手法来展示必要的信息,例如天气 App 中太阳代表晴天、云朵代表阴天,仅用一个符号就传递了天气信息。

图 3-13　信息图形的六大类

图 3-14 所示为由 Column Five 商业咨询机构设计的可视化图表,展示了在美国不同种族、地区和社会经济群体之间的财富分配不公平。这张分布图采用了由米色、绿色和黄色组成的柔和调色板,用从浅到深的绿色渐变色展示收入等级,深色表示更高收入。将美国主要宗教团体的收入水平与美国平均收入分配情况进行了比较。

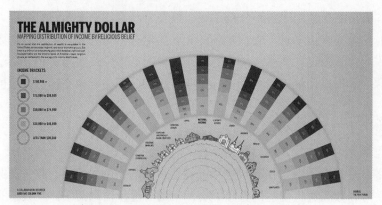

图 3-14　Column Five -The Almighty Dollar

3.2.3　图形与文字的结合

　　图文结合，顾名思义，是指将文字信息与视觉叙事、信息图形等图形元素相结合，以便更有效地呈现复杂信息。这种方式在亚洲、欧洲，以及宗教文献和文艺复兴时期的手稿中都有广泛应用。尽管在活字印刷术兴起之前，由于制作流程和所需技能的限制，图形和文字曾被分离处理，很少有机会将二者结合以表达信息。但借助版画、转印、计算机技术等制作技术的应用，图形与文字的结合已成为迄今为止最通用的信息传递方式。

　　文字信息本身也是一种视觉元素，它不仅可以用来美化界面，创造出图文结合的视觉效果，还有助于人们理解界面，提供对图像的解释。然而，在界面设计中，并非所有的文字信息都会产生积极效果。如果设计和排版不当，反而可能对用户产生负面影响。图形与文字结合作为信息设计的方法，主要应用于以下两个关键领域，因其能够提供更准确和易理解的信息表达而备受青睐。

　　（1）工具类：工具类产品通常需要强调其实用性，因此需要详细介绍产品或服务的使用方法、操作流程及特定功能。在为工具类产品进行信息设计时，应注意以下设计要点：文字应简洁明了，交互方式高效，标识符号直观，避免过多冗长的文字说明和复杂的排版，以确保用户能够轻松找到有关工具的介绍和使用要点。

　　（2）信息类：信息类产品和服务旨在向用户提供各种信息和咨询。因此，信息类产品和服务需要帮助用户快速查找特定信息和准确理解各类信息。例如，网站的导航设计、新闻版面布局等都旨在确保用户能够快速访问所需信息。具体的图形与文字结合设计在信息类产品和服务中会根据不同行业和应用场景的需求而有所不同。某些情况下，文字信息可能占主导地位，而图形则提供辅助信息。在设计时，必须始终坚持以用户为中心的理念，选择最合理的设计方案。

　　常见的应用场景为海报，海报通常需要通过视觉效果来吸引人的目光。吸引住人们的目光后，还需要通过图形与文字结合的方式，详细介绍某个活动、某个产品，起到宣传的作用。图 3-15 所示为设计团队设计未来（Design Futures）课题组的未来图景展览宣传海报，它针对展览的主题进行视觉设计，让人对画面产生兴趣；之后又用文字展示展览的具体名称、日期、地点等，清楚地传递其想要宣传的内容。

图 3-15　未来图景展览的海报

3.2.4　动态表达

随着技术的不断进步及各种不同媒介的出现，信息图形的表现方式日益多样化，特别是动态信息图形逐渐崭露头角并广泛应用。动态信息图形具备参与性、可共享性及互动性等特点，它以信息串联的方式呈现一系列事件。这种动态信息设计融合了"事件"与"运动"两个关键元素，通常是通过事件触发运动的发生；运动体现了信息传递的过程性特征，而事件则强调参与度和互动性。动态信息设计的呈现形式可以分为以下两种主要类型。

（1）动画式动态表达：通过动画或视频等媒介将不同的信息内容以时间为线索相互串联，以展示叙事情节或数据的变化趋势。这种形式的动态信息图形适用于展示故事情节、数据变化或信息传达的演变过程。

（2）交互式动态表达：利用可交互系统呈现特定信息，常见于数据可视化、网页设计和软件开发领域。交互式动态信息图形通过互动设计手段，帮助用户筛选信息，改变图形表示，从而创造不同的信息表现形式。这种方法拓展了信息分析的层次，使得复杂结构的信息内容能够更清晰地呈现出来。

图 3-16 所示为航旅纵横 App 里的飞行行程追踪数据，该案例采用了多种元素，包括表格、信息图形、交互界面、地图等，以整合用户的飞行行程数据，为用户提供个性化的飞行报告。交互式的动态表达首先需要进行数据的收集和整理，然后选择适当的表现形式（如表格、地图、海报等），接着进行必要的视觉设计工作（如字体大小、颜色和排版），最后通过合理的交互元素（如导航、列表、按钮等）将信息按照易于理解的逻辑方式进行组合。

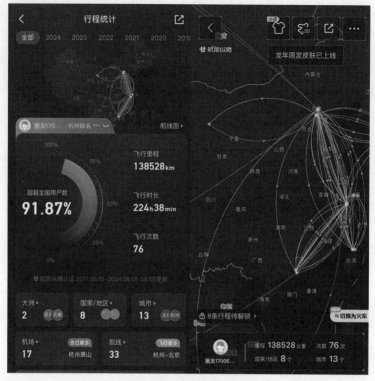

图 3-16　航旅纵横 App

3.2.5　多媒体叙事

多媒体叙事是一种使用电影、电视、漫画、小说、游戏、音乐、社交软件等多种媒体形式来进行故事性叙述的方法。随着通信技术和多媒体技术的不断发展，信息呈现的方式变得越来越多样化，许多复杂的信息可以通过多媒体叙事的方式进行生动呈现。例如，在科普自然科学知识时，仅通过文字和图片进行解释可能缺乏足够的生动性。儿童可能需要借助文字进行想象，这样也容易导致误解。相比之下，使用科普动画或科普节目等多媒体叙事的方式能够生动地呈现这些内容。这不仅有助于儿童更好地理解，还能吸引他们的兴趣，实现寓教于乐的目的。

典型的例子是美国的发现（Discovery）频道，该频道自 1985 年开始在美国播出，如图 3-17 所示。它以纪录片的形式，带领观众探索地球的各个角落，使人们无须离开家也可以通过电视节目来拓宽视野、增加见闻。在 Discovery 出现之前，人们只能通过书籍来了解世界各地的历史、文化、自然景观等，这往往难以激发人们的参与感，导致科普知识难以引起人们的兴趣。然而，Discovery 通过电视节目的传播，涵盖了科学与技术、自然生态、人文历史、全球风貌、人类探险等多种主题，将知识融入了娱乐之中，吸引了各年龄段的观众，鼓励家庭观众持续学习，从而实现了"活到老学到老"的教育理念。

第 3 章　信息设计——信息的处理、分析、架构和表现

图 3-17　Discovery 频道

3.2.6　交互装置

交互装置是指在特定的时空环境里，将日常生活中的物质文化实体进行选择、利用、改造、组合，令其演绎出新的展示个体，传达某一精神文化、意义、内涵的形态。交互装置是人们生活经验的延伸，因此观众的介入和参与是交互装置艺术不可分割的一部分。装置通过组合环境、物件和人，动用观众的视觉、听觉、触觉、嗅觉甚至味觉，来包容观众、促使观众甚至迫使观众在界定的空间内由被动观赏转换成主动交互、主动感受。

例如，一群年轻的设计师在荷兰鹿特丹市倡导并发起了一个名为 WECUP 的项目，如图 3-18 所示。这一项目采用了一种简洁而巧妙的装置形式，由两个巨大的容器组成，每个容器上标有不同的标语。这个设计的亮点在于，当人们需要丢弃垃圾时，他们不仅可以参与，还会在垃圾回收的过程中进行一次表态式的投票。

实际上，WECUP 装置的运作机制是将垃圾的丢弃过程与表态投票过程相结合。在投放垃圾之前，人们可以看到垃圾桶上所陈列的标语，例如询问他们更喜欢迈克尔·杰克逊还是猫王。设计师通过这个精妙的构思，不仅提高了垃圾的回收率，也增强了公众对于垃圾回收的认知与参与度，同时还让人们得以在垃圾处理的过程中表达自己的观点。垃圾回收不再仅是一项例行任务，而是一个有趣的社交活动和公共议题的讨论平台。

当城市面对环境和垃圾处理问题时，如何鼓励居民积极参与并提高他们的环保意识，一直以来都是一个具有挑战性的问题。有时，单纯的宣传和道德教育难以取得良好的效果。因此，城市需要更富趣味性和互动性的方法来引导居民，就如 WECUP 项目所示，通过游戏化的方式激发人们参与垃圾回收，并让他们参与城市主题的讨论。

图 3-18　荷兰 WECUP 项目

3.3　信息架构

3.3.1　信息架构的定义

信息架构是对特定内容中的信息进行综合规划、设计、安排等一系列有机处理的过程。简单来说，信息架构就是以合理的方式组织信息的呈现形式，设计师的主要任务是为信息与用户的认知之间构建畅通的桥梁，以最适合的方式来传达信息。

实际上，信息架构不仅应用于设计领域，还广泛应用于认知科学、图书馆学、情报学、语言学、心理学、人类学、计算机科学等多个学科。在深入学习信息架构之前，需要首先明确信息的定义：信息是一个广泛的概念，它是指经过组织和排列用于传达某一事物内容的东西，信息的作用在于减少随机性和不确定性。因此，信息架构的目标是探讨如何以有意义的方式组织信息，构建意义、感知和传达的过程。

信息架构与信息设计在名词定义上存在一定的差异：信息设计更注重用视觉语言传达信息，侧重于如何以更合适的方式表现信息内容，结合美学概念以更好地呈现信息；而信息架构更加关注信息的组织与排列，专注于信息的处理和分析，以选择最适合的方式来组织信息。

尽管信息架构与信息设计在定义上存在区别，但在实际应用中，它们是紧密关联的。当手头有一定的信息内容时，首先需要经历信息架构的过程，对信息进行处理、分析、组织，然后再进行信息设计，以便更好地将组织好的信息传达给用户。因此，在交互设计领域中讨论信息架构时，应关注以下 4 个方面的内容。

（1）信息：是指各种各样的信息类型，如基础数据、名称、价格等，或是形状和大小的信息，或是某种物种、某一情绪等更具体的事物，也可以是载体信息（如网站、文档、软件应用、图像、文字和视频），也包含元数据，即用于描述和表达内容的术语。

（2）结构：是指如何将信息连接起来，结构决定了产品或服务中信息"单元"的粒度，不同的信息类型、信息复杂程度适用不同的结构来表达。信息的结构有多种常见的类型，在后续也会进行介绍。

（3）决定组织方式：将组件组合成有意义且各有特色的类别，为用户创造了解他们所处环境和所看内容的正确场景。常见的组织方式有字母顺序、年代顺序、地理位置等。清晰的组织方式将有助于用户更好地阅览信息，找到需要的信息内容。

（4）定义标签：标签用于称呼不同类别的信息，以及产生这些类别的导航结构信息。标签应简洁易懂，能够让用户快速地识别。在商场、图书馆、餐厅等场所通常都会有大量的标签存在，帮助用户快速找到商品、图书和餐食，而标签的定义也会大大影响用户找到所需内容的速度。

3.3.2 信息架构的分析

开展信息架构分析与实践，可以从 3 个阶段进行：本体论、分类学、编排，如图 3-19 所示。

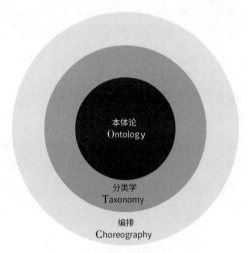

图 3-19　信息架构实践的 3 个阶段

1. 本体论

本体论旨在精确描述事物的本质，提供明确的概念。起初，本体论是哲学领域的概念，用以研究事物的客观存在。然而，信息领域赋予了本体论新的定义，特指在某一特定知识领域或实践领域中，描述某些实体及其相互关系的工作模式。本体论通过某种方式（如语言、文字、标签等）明确定义一个公认的概念，通过创建一些共同认可的词汇来实现信息的传递。

在具体的设计实践中，本体论通常以一个词汇表的形式体现，用于描述对象的概念、属性和相互关系。这个词汇表比较结构化,能够清晰地定义某一领域内的事物。例如,在描述餐厅信息时,本体论的阶段可能采用语言表述,如"位置、价格、营业时间、招牌菜、联系方式"等。本体论的选择并不唯一,只要它能准确描述事物的本质,清晰地传达某一概念,满足用户了解该事物的需求,都是可接受的。

图 3-20 所示为清华大学文科图书馆咖啡厅的点心柜台,店家为每个产品都标明了名称和价格,然而即便如此,从这张图中顾客仍然可能产生许多误解。

图 3-20　清华大学文科图书馆咖啡厅的点心柜台

从柜台蛋糕的数量分布来看,顾客可能会自行产生以下理解,从而影响产品的售卖。

"泡芙卖不出去,一定不好吃。"

"泡芙的数量很多,应该是新鲜刚上的,现在买可以品尝到最好吃的状态。"

可以看出,不同的顾客对于这样一个柜台状态会产生不一样的理解,他们可能理解得正确,也可能产生误解。对于这样的蛋糕柜台,更成熟的做法是除了商品名称和价格,再加上"售罄""新上""热门"等标签,以帮助人们理解信息,从而引导销售,这正是本体论所带来的帮助作用。

2. 分类学

分类是指将事物以分解、类别、归类 3 种行为进行整合、结合及综合的系列程序和过程。分类实际上是一个内在筛选、选择、提炼的过程,结果是为了使要素集中,形成具有明确议题、命题、主体的事物。事物的分类并没有固定的、唯一正确的答案。实际上,分类本身并不难,但让某个分类方式被广泛认可却是具有挑战性的。举例来说,考虑让人们对书籍进行分类,每个人都可能按照自己的理解和标准来分类。人们的分类思维和方法各不相同,导致互相之间难以认同对方的分类方式。因此,每个人对事物的认知方式会影响我们如何处理信息和进行分类。分类实际上反映了在特定情境下人们对事物的认知。

那么如何找到一种分类方式,足以被广大人群所认可呢?答案或许可以在本体论中找到。以果蔬为例，本体论会包含颜色、味道、种植季节、收获季节、地域等重要信息。基于这些信息，我们可以选择一些核心特征进行分类。根据不同的情境，可以选用不同的核心特征。例如，在果蔬配送服务中，地域可能成为一个关键特征，而在果蔬采购中，颜色和味道可能是关键特征。分类的目的是将这些信息进行整合，使元素聚焦，以便用户更轻松地浏览和获取所需信息。

在进行分类时，可以尝试使用卡片分类法来进行操作与测试。卡片分类法首先需要准备一些大小相同的空白卡片，将不同事物的信息资料依次写在卡片上，并邀请若干用户进行分类。请用户在经过共同讨论后，把他们认为属于同一类的卡片放在一起，并为每一类卡片定义最合适的分类名称。若有不知道如何分类的卡片，也可以将其单独放置，不一定要全部进行分类，分类名称若无法确定也可以留白。

可以使用卡片分类法将同一个资料集进行多次测试，将这几次测试的结果进行比对，找到不同参与者分类的逻辑共同点与差别，以便进一步分析最佳的分类架构，如图 3-21 所示。

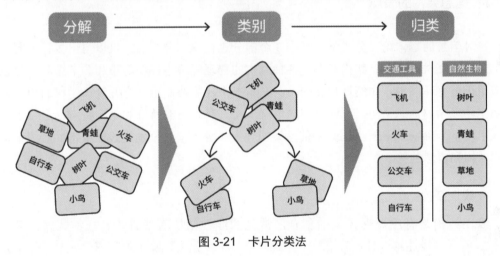

图 3-21　卡片分类法

3. 编排

编排是指按照特定的结构和规则对信息进行组织分类，以便有效地呈现给目标受众。在编排过程中，需要明确制订结构组织，确保信息元素与环境元素协调一致，并能够有效地传达信息。这意味着将信息限定在一个明确的结构内部。

举例来说，超市、图书馆、海报、网页等都可以被视为环境元素，如图 3-22 所示。编排的目的在于设计一种结构，使得信息能够在这些环境元素中得以约束。通过合理地组织和协调这些环境元素，用户能够迅速理解这一环境内提供了哪些物品或信息、如何找到特定物品或信息，以及能够在这一环境中执行哪些操作。

编排的方法需要考虑到环境、信息、分类、用户等因素，针对物理内容的信息编排与针对数字内容的信息编排也有不一样的技巧，在后面的小节中将介绍针对数字信息的基本编排结构表现。

图 3-22　环境：超市与图书馆

3.3.3　信息架构的表现

在对信息的本体论、分类学、编排 3 个部分进行逐一分析后，可以得出多种不同类型的信息架构交付物。信息架构存在于各种现实的物理环境中，如超市和图书馆，同时也广泛应用于数字环境中，如幻灯片和网站。在本书中，主要侧重从交互设计学科的角度来讨论数字环境中的信息架构。不同类型的信息架构具有各自的特征和结构特点，适用于不同的应用场景。Jesse James Garrett 将信息架构分为 4 种类型，分别为线性结构、层级结构、矩形结构和自然结构。

1. 线性结构

线性结构是有序数据元素的集合，常见的线性结构有线性表、栈、队列、串，如图 3-23 所示。线性结构必定有第一个元素与最后一个元素。除了最后一个元素，每个元素都有唯一的"后继元素"；除了第一个元素，每个元素都有唯一的"前驱元素"，也就是说线性结构中的数据元素都存在着"一对一"的关系。例如，剧本、音乐列表、漫画一般都是一种线性的、连贯的体验。线性结构常用于小规模的结构，无法表达复杂的信息内容。

图 3-23　线性结构

2. 层级结构

层级结构是最常见的信息结构，又常被称为树状结构，如图 3-24 所示。层级结构的每个节点都有父节点，一直向上可以追溯到整个信息的父节点。层级结构最大的特点就是可以将一个复杂的系统分解成若干单向依赖的层次，即每一层都提供一组功能，并且这些功能只依赖该层以内的各层。

第 3 章　信息设计——信息的处理、分析、架构和表现

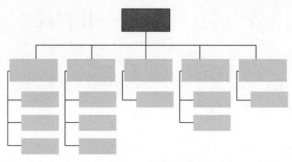

图 3-24　层级结构

3. 矩形结构

矩形结构是指节点与节点之间两两互相关联，信息可以在节点与节点之间进行各种维度的移动和转换。矩形结构通常由一个主轴组成，拥有第一个节点与最后一个节点，而在这两个节点之间存在着多个子节点，子节点与子节点之间依据某种规则相连，使得从第一个节点到最后一个节点可以经历不同的路径。矩形结构常用于绘制用户流程图，能够帮助不同的用户采用不同的路径、方法完成同一任务。

4. 自然结构

自然结构不遵循任何规律与模式，节点与节点之间按照自然的逻辑被连接起来，如图 3-25 所示。自然结构不设置起点与终点，适合用于表达一些探索性的信息。例如在做游戏设计时，游戏架构师会提供各种不同的系统，其目的都是为了让用户感到成就感、满足感，这些系统之间既有关联又相对独立，其信息结构往往不遵循某一规律。又如，在搜索引擎中搜索某一资料时，会提供一系列对应的搜索结果链接，而链接之间又有其他相关信息，这些信息之间互相独立、互不干扰，但某些信息之间又会产生一些意想不到的联系。

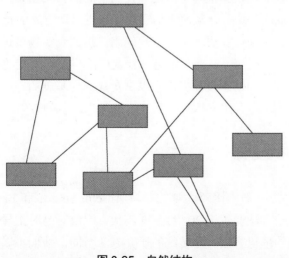

图 3-25　自然结构

3.4 将信息用于交互设计研究——扎根理论

信息的搜集与组织不仅有助于创建可视化的交互设计作品，还为进行交互设计研究提供了重要支持。通过有效的信息处理，交互设计师能够从海量信息中提炼出理论和概念，从而更全面地理解问题的本质和内在机制。

3.4.1 扎根理论概述

本节将介绍扎根理论（Grounded Theory），它是一种社会科学研究方法，主要用于发现并构建理论，以解释某个社会现象的本质和内在机制。扎根理论的基本思想是通过收集、整理、比较和分析实证数据，从中抽象出通用的理论和概念，并不断回归数据验证和修正。在扎根理论中，研究者不预设任何假设或理论，而是从数据中逐步发现模式，构建概念和理论，使得理论能够"扎根"于数据之中。

扎根理论的优点是能够从实际数据出发，构建更加真实、可靠、具有普适性的理论，并且具有高度的灵活性和适应性，它在信息设计中也有广泛的应用。信息设计是将信息呈现给用户，让用户能够快速、准确地理解信息的过程，包括信息的组织、排版、色彩、字体等方面。扎根理论通过对用户使用信息的真实场景进行研究，从而发现信息设计的本质和内在机制，为信息设计提供理论指导。

扎根理论在信息设计中的应用主要表现在以下几个方面。

（1）用户需求分析：通过扎根理论对用户使用信息的真实场景进行研究，可以发现用户在不同情境下的需求和使用方式，从而为信息设计提供参考。

（2）信息组织和分类：通过扎根理论对用户使用信息的真实场景进行研究，可以发现用户如何组织和分类信息，从而为信息设计提供组织和分类的思路。

（3）信息呈现方式：通过扎根理论对用户使用信息的真实场景进行研究，可以发现用户对不同呈现方式的反应和偏好，从而为信息设计提供呈现方式的指导。

（4）用户体验研究：通过扎根理论对用户使用信息的真实场景进行研究，可以发现用户在使用信息时的体验和反应，从而为信息设计提供用户体验研究的思路和方法。

总而言之，扎根理论为信息设计提供了以真实数据为基础的理论指导，有助于信息设计更好地满足用户需求，提升用户体验，从而实现更为出色的效果。

3.4.2 扎根理论的历史起源

扎根理论研究法是由哥伦比亚大学的学者 Anselm Strauss 和 Barney Glaser 共同发展的一种研究方法。这一方法诞生于 20 世纪 60 年代，它反对当时主导的实证主义社会学，强调对数据持续比较的理论方法。与传统的研究方法不同，他们不以某一特定理论为出发点，也不采用一贯的方式收集数据以进行理论测试。相反，他们认为理论是动态发展的，于是创建了一种方法，通过不断迭代编码和理论开发，形成以理论指导数据、数据反过来丰富理论的循环过程。

随后，这两位学者在方法论上产生了分歧。Strauss 注重开发不同的扎根理论研究方法，而 Glaser 则坚持认为这可能会限制新理论的创造。因此，扎根理论研究方法的发展已经出现了多种不同的方向和讨论。特别是在交互设计领域，本书更常倾向于参考 Strauss 的理念，因为他提出的各种研究方法为交互设计研究提供了相对明确的指导。

3.4.3 扎根理论方法作为认识的方式

扎根理论方法在人机交互设计领域得到了广泛应用，可用于研究与人机交互相关的各方面内容，包括但不限于设计对象、基础系统、用户画像、设计教育、交互媒体、特殊人群研究和家庭关系等。然而，在人机交互设计领域，扎根理论方法常常受到个人主观观点的干扰，出现了误用的情况，例如一些研究者仅仅进行定性数据分析就声称采用了扎根理论方法。

扎根理论方法关注人类的认知能力，它以人类作为积极探究者的独特能力来构建对世界及其现象的解释。该方法特别强调通过深入数据分析逐步构建理论框架。与传统的理论研究方法不同，通常遵循着"定义问题—搜集数据—分析数据—解释数据"的流程，扎根理论不会事先设定研究者的假设，而是从数据中归纳分析，以创建新的理论。这意味着理论必须可追溯到原始数据，依赖经验事实作为基础。

扎根理论方法并不是在数据收集完成后才进行分析和理论化，它在数据收集过程中就开始思考数据与数据之间，以及数据与理论之间的关系。换句话说，扎根理论工作的进行是一个互动过程，理论的发展同时也指导数据的收集，鼓励在理论最薄弱的环节选择更多的数据样本进行测试和质疑。

3.4.4 扎根理论的实践方法

扎根理论的操作程序一般包括以下几步。
从资料中产生概念，对资料进行逐级登录。
不断地对资料和概念进行比较，系统地询问与概念有关的生成性理论问题。
发展理论性概念，建立概念和概念之间的联系。
理论性抽样，系统地对资料进行编码。
建构理论，力求获得理论概念的密度、变异度和高度的整合性。

1. 代码、编码和范畴

扎根理论从数据出发，这些数据通过"编码"形式的词汇联系起来。编码是对特定情境的某个方面进行描述，如地点、对象、事件、属性、动作等。编码能够为不同的概念建立联系和边界,帮助我们了解所研究的领域。每一种情景都可以测试编码结果是否能解释逐渐复杂的数据。编码最初是描述性的,并与数据的特定方面相联系。随着时间的推移,研究者的编码也变得更加抽象。这些编码会成为研究者正在开发的理论的实际体现。其中,编码又分为开放式编码、轴向编码、选择性编码及核心概念的指定,它们依次在扎根理论过程中被采用。

所谓开放式编码,即对某一情境的初始描述进行初步的现象标签分类,是一种相对不受约束的方法。举例来说,考虑在研究远程办公场景时,通过访谈、观察和沉浸等手段,我们可能得到一系列描述,如"个人""团队""效率低""沟通不明确"和"有设备要求"等开放式编码。

在多次研究观察后,可能会发现某些开放式编码具有共性,多次出现,而其他编码则没有明显联系。当我们能够将这些具有共性的开放式编码总结并提炼成一些通用的发现时,就可以采用轴向编码。轴向编码是一系列相关的开放式编码的集合,例如,"个人"和"团队"这两个开放式编码可以合并为"协作偏好"这样的轴向编码。

轴向编码是一个有助于系统思考开放式编码的工具,而且一旦从开放式编码中提炼出轴向编码,还可以反过来检查开放式编码,以获取更多数据和生成更多开放式编码。例如,"协作偏好"这一轴向编码是由"个人"和"团队"生成的,可以利用这个轴向编码回溯之前的材料,找到新的、意外的与协作偏好相关的开放式编码。这个迭代过程也有助于不断优化轴向编码。

随着轴向编码和开放式编码的逐渐丰富,出现了更广泛的范畴,这些范畴是一组经过深刻理解的属性,通常更加广泛和抽象,是轴向编码的集合。例如,"协作偏好""工作时长""会议形式"这些轴向编码可能整合成"工作方式"这一范畴。

最后,再引入选择性编码的概念,即扎根理论研究者选择的核心概念,在一组复杂且相互关联的轴向编码中明确线索,形成核心范畴,并发现它们之间的联系。随后,可以进行主次和维度的明确工作,以验证初步理论。

2. 备忘录

在进行扎根理论研究时,备忘录常常是一种常用的工作方式。备忘录不仅是理论表达的方式,还在指导数据收集方面发挥着关键作用,同时也有助于撰写扎根理论方法研究项目报告。大多数扎根理论研究者倡导将观察到的事物汇编成一系列文档,从这些文档中发展出认知,这些文档即是备忘录。编写备忘录有助于推动扎根理论研究者在研究早期就对数据和编码进行深入分析,同时促使研究者在记录与思考过程中发挥创造力和想象力,从而激发出更多关于数据的洞见。

至于备忘录的编写方式,不同的学者可能有不同的观点。备忘录的形式可以因研究团队和研究场景的不同而异。例如,有些人选择使用便携式卡片进行简短记录,每张卡片上仅记录一个数据;另一些人则通过撰写结构完备的文章,包括标题和副标题,来记录数据;还有一些人可能会采用信息架构方式(如因果关系图、表格等)来记录数据。

3. 溯因推理、理论抽样和不断比较

在进行扎根理论研究时,经常会出现一些出乎意料的发现,例如一些不符合当前理论的数据。在这种情况下,可以采用溯因推理的方法来解释这些现象。扎根理论方法实际上是通过一系列严格的方法来管理多个"试用假设",当发现一些与当前理论不符的现象时,可以反过来提出新的假设,对这些假设进行严格的检验和测试,从而使它们不断扩展和强化,最终形成新的理论。

在扎根理论中,这种策略被称为理论抽样,它是一种严密的溯因推理形式。我们通过寻找意外的数据来建立新的假设,并通过收集新的数据来验证这些假设,从而指导进一步的数据收集。理论抽样是扎根理论方法中的一个关键策略,涉及不断比较数据与数据、数据与理论之间的关系。

这里有一个问题是,当数据引发假设,而假设需要更多数据来支持时,扎根理论似乎永无止境。在这种情况下,意外发现再次成为认知工具。当所有数据都能够被范畴、编码和代码所解释,不再产生意外数据时,就意味着扎根理论工作完成,编码和范畴达到了饱和状态。

3.4.5 扎根理论在交互设计领域的应用

扎根理论方法可以广泛用于交互设计研究中。早年的扎根理论研究者主张研究者应避免阅读正式或已发表的文件,而是要像一张白纸一样去接触数据,形成自己的编码数据集。但是随着扎根理论在交互设计领域逐渐得到运用,研究者开始认为研究文献也能视为一种形式的数据,并可以作为扎根理论研究的一部分加以利用。实际上,扎根理论在交互设计领域中的应用并没有一个正确答案,可以有3种不同的应用模式,分别具有不同的价值。

1. 构建数据搜集与分析

扎根理论的第一种应用方法即在前文所描述的一系列实践:通过开放式编码、轴向编码、范畴的构建,以溯因推理和理论抽样的方法来指导数据的搜集和理论构建的迭代过程。通过构建数据搜集与分析,能够帮助交互设计研究者对人群、场景、事件形成完整的、定性的、严谨的、可靠的资料,用以辅助开展交互设计研究。

2. 分析完整的数据集

扎根理论的第二种应用方法是基于已有的完整数据集,使用扎根理论的编码方法开展理论建立。在这种应用中,我们面对的是一个已经搜集结束的数据集,不能再通过搜集数据、迭代理论的方式开展扎根理论工作。但仍然可以使用扎根理论方法来处理这些数据,通过与理论抽样非常相似的过程来发现新的概念与见解。

3. 指代深度和迭代编码的研究方法

扎根理论的第三种应用方法是一种具有争议的应用方法,如今许多交互设计研究者都会在研究中提到扎根理论,以证明他们的数据是经过详细、严谨的编码,但在论文中却没有给出关键的编码策略和细节。这种情况下,往往是他们针对某一个具体的问题开展研究,通过搜集数据来解决这些问题。这样的思路其实与扎根理论不同,只是一种编码方式,而且缺乏过程介绍。因此,虽然许多研究者在论文、报告中这样使用扎根理论方法,本书中仍然不建议这样做。

扎根理论方法在交互设计研究领域中被广泛使用,是一种可以用于交互设计前期研究的方法。往往在还没有具体问题、理论、主题时开展,它能够通过严谨可靠的方式定性地分析事物的客观理论规律,并生成可靠的观点。它尤其能够帮助我们发现一些意想不到的数据,并将其总结进理论中,以追求某些普适性的观点。

3.5 课堂练习

讨论:图 3-26 所示为 Fastcap 的创始人兼总裁 Paul Akers 采用不同的信息设计思路为美国达美航空设计出的两张登机牌,哪一个更好?更能向用户展示信息呢?

图 3-26 两张登机牌

设计一个登机牌:这是一个简单的从信息设计到交互设计的练习,拿到题目后,需要先开展信息设计工作。

1. 搜集信息:用户的信息(姓名、证件号、行李数量等)、飞机信息(航班号、出发地、目的地、座位、舱位等)、机场信息(登机口、行李提取口等)。

2. 组织信息:将这些信息的逻辑关系进行梳理,找到适合的信息架构来组织它们。

接下来,开展交互设计工作,也就是信息的呈现工作。在这一步中我们试着将组织好的信息架构在长方形的纸上展示出来,通过亲密性、相似性、焦点、闭合等设计原则开展设计，如图 3-27 所示。

完成登机牌的设计后，在班级内部随机交换机票，邀请同学对手中的机票进行阅读理解，并介绍自己看到机票后的体验。

图 3-27　设计登机牌

3.6　作业/反思

1. 基于课堂练习，优化机票方案，并将信息架构、选用的设计原则、如何使用该设计原则等设计过程记录下来，用 PPT 展示。

2. 选择两个自己最常用的不同类型的应用程序、网页、游戏等产品，分析其信息架构，并尝试优化它们。

第4章

用户体验——将体验作为核心原则开展交互设计

体验是指个体通过自身感官感知,亲身经历某人或某事,在此过程中通过理解和感知,留下印象并形成评价。体验贯穿生活的方方面面,是日常生活中不可或缺的一部分。它涵盖了人际关系中的亲情、友情、社交互动,以及与产品和服务相关的购物体验,同事和同学之间的协作工作等。此外,与物品有关的体验还包括穿着舒适的鞋、性能出色的电子设备、引人入胜的玩具,以及与环境或事件相关的体验,如天气的变化、任务中的挫折、比赛中的胜利等。这些共同构成了人们对生活的体验,引发了各种情感,包括喜悦、愤怒、悲伤和欢乐。

个体对某一事物的体验受多种因素影响,包括情感、信仰、偏好、认知、生理、心理和文化等。尽管本书主要探讨与"物"相关的体验,侧重于产品和服务,但除了物品本身,人际关系和环境也是塑造体验的关键因素。在交互设计领域,需要了解体验的本质、如何进行体验分析,以及如何创造出色的用户体验。因此,本章将从体验的概念出发,介绍用户体验的定义、构成要素、体验的塑造方式,不同类型的体验及相关案例,以及如何为用户体验进行设计。

4.1 日常生活中的体验

用户体验设计师具有一个显著特点,即他们对生活中的各种体验表现出高度的敏感性。他们在日常生活中能够敏锐地察觉并记录各类体验,无论其规模大小,这些体验都会成为他们宝贵的知识库。良好的体验被他们视为设计素材,而存在问题的体验则成为他们关注和改进的对象。

为了深入了解日常生活中的各种体验,可以首先通过审视以下几个常见的生活元素,揭示出潜在的体验问题,这些问题通常被人们忽视。

图 4-1 所示为不同国家的垃圾桶。

图 4-1 不同国家的垃圾桶

在日常生活中,您是否曾面临如下问题:如何准确定位垃圾属于哪类?图左中的垃圾桶采用文字与符号相结合的方式进行分类标识,虽然分类名称表述非常明确,但对市民来说,将分类名称与实际物品进行匹配常常具有挑战性。当人们不确定如何正确分类垃圾时,常常凭借直觉将垃圾随意丢弃,这反而阻碍了垃圾分类的效果。相较之下,图右的垃圾桶采用简单插图的方式来呈现每类垃圾的常见物品,这种设计使人们在丢弃垃圾时无须过多思考,能够直接根据手上的物品选择合适的分类。这类随处可见的用户体验问题通常不会显著影响人们的日常生活,但优化这些体验具有重要意义。正如垃圾桶案例所示,通过改善此类体验,可以显著提高垃圾分类的效率,从而发挥环境保护的作用。

图 4-2 展示了一个便携式计算机的案例。

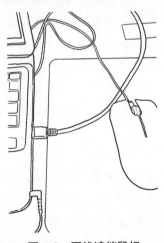

图 4-2 网线遮挡鼠标

读者是否注意到这张图中存在的用户体验问题?请尝试回答一下。没错,这台计算机的网线接口设计与鼠标使用习惯存在冲突,当用户连接网线时,鼠标使用体验会显著受到影响,变得非常不便。在早期的产品中,可以找到许多这类体验缺陷,这些产品过于强调功能,而忽视了用户体验因素,往往被用户淘汰。

通过上述两个案例,相信读者已经对日常生活中的用户体验有了一定的了解,同时也可以尝试分析周围物品的用户体验。可以试着拿起手边的任何物品,然后思考以下几个问题:这个物品的主要功能是什么?它是否满足了我的期望?为什么我选择这个产品而不是其他功能类似的产品?如果我不再使用它,会选择什么替代品?它的外观是否符合我的审美偏好?是否曾向他人介绍过这个产品?身边是否有其他人也喜欢使用它?是否带着它出门旅行过?是否有与它相关的有趣故事?它对我是否具有特殊的纪念价值?这些问题有助于深入了解用户的体验。

4.2 体验设计介绍

4.2.1 体验的定义

体验是指通过亲身实践并感知某一事物,从而留下深刻印象的过程。通常,体验是通过个体的感觉器官来直接接触客观世界,以了解和感受人、物或事件。通过感官体验,人们感到事物逐渐变得真实、现实,并在大脑中留下深刻的痕迹,使人们能够随时回想起自己曾经亲身经历的生活事件,也因此对未来有所预感。这种通过感觉器官来认知、感知和感受事物的过程构成了体验。

尽管在英文中,experience 一词用于表示体验和经验,但在中文解释上,体验和经验并不等同。经验是对真理世界的一种科学认知,它指向客观世界的真相。而体验则是一种价值性认知和体悟,它要求通过身体和心灵来感知,指向价值世界。经验主要强调"感性认知"或通过亲身经验获得的对事物真实和客观的认知。而体验更强调人们通过亲身经历而形成的独特的、具有个体意义的感受、情感和体悟。有时,我们虽然亲身经历了某件事,但如果这种经历没有引发内心的情感、反应和联想,那么它只能被视为一种经验,而没有转化为体验。

关于体验定义的界定,可以从 3 个层面进行讨论,分别是体验的活动方式、活动过程,以及活动目标与结果。体验本身是一个广泛而复杂的概念,这 3 个层面代表了不同阶段的体验,因此在不同情境下,体验的定义也会有所不同。

第一个层面,即活动方式的体验,将体验视为一种重要的工作、生活或学习方式。在这个层面,体验与"经验"有相似之处,都代表了对某种事物的客观经历。然而,体验不仅包括了对事物的感知和经历,还包括了感受、总结和反馈。这个层面的体验着重强调了具体活动方式对个体的感知和体验,而不涉及活动的上下文或结果,仅关注当前活动的瞬间。例如，支付方式的体验或会议预约的体验都属于此类，它们都是关于特定任务的体验讨论。

第二个层面，即活动过程的体验，强调情境的构建和亲身经历的过程，涵盖了"过程与方法"的含义。一个完整的任务流程由多个不同的环节组成，每个环节都会产生不同的体验感受。对活动过程的体验需要我们分析特定任务流程中的每个环节，然后优化不佳的体验环节，同时突出良好的体验环节。

第三个层面，即活动目标和结果的体验，主要涉及反思、理解、感受、感悟、感动、直觉、发现、整合和构建等认知和情感要素。在这个层面，体验是关于某一活动结果的反馈，而不涉及活动方式或过程，而是涉及用户在活动结束后的感受和体验。以游戏设计为例，游戏关卡通常在设计上会具有一定的难度，因此玩家在通关的过程中可能体验并不那么愉快。然而，通关后玩家可能会获得一定的满足感，从而对游戏产生认同。这就是活动目标和结果的体验的一种实例。

4.2.2 体验的特点

体验具有 5 个特点：情感性、意义性、主体性、亲历性、模糊性，如图 4-3 所示。

图 4-3 体验的 5 个特点

1. 体验的情感性

所谓体验的情感性，是指体验在产生的过程中引发的情感反应，也就是说，与某一事物相关的体验往往伴随着情感的涌现。情感在体验中扮演着核心角色。体验往往始于情感，主体从个体的命运、经历及内在情感积累中去探索和感悟生命的内在意义；而情感也常常成为体验的终点，体验的最终结果通常体现为对生活活动新的、更加深刻的理解与情感。

2. 体验的意义性

体验是一种指向意义的活动，旨在帮助主体确立其自身的意义以获得自我确定的地位。意义在这里被视为对主体性活动的验证，其本质并不是纯粹的逻辑推理，相反，它涵盖了感觉、知觉、情感、反思和判断，形成了个体的综合生命体验。对主体而言，体验不仅仅是一种盲目的生命体验，也不仅仅是情感的组合，它始终伴随着意义，是一种融合了知识、情感和意义的生命体验，是情感活动和理性活动的统一，特别是一种寻求和赋予意义的精神活动。

3. 体验的主体性

体验被视为主体与客观世界建立最直接联系的方式和途径，脱离了对主体的认知、实践及情感的投入，谈论体验便毫无意义。每一次体验都是独一无二的，因为它是体验者根据自身需求、价值观念、认知结构、情感构建，以及以往经验等综合要素，以完整的"自我"去理解、感受、构建，从而创造出对事物独特的情感、领悟和意义。

4. 体验的亲历性

体验的主体性同时意味着体验的亲历性，即主体必须亲自经历某种体验过程才能形成相应的体验。这种亲身经历可以涉及实际行动，即主体通过实际参与某一事件来获得体验，这包括主体在事件中扮演客体的角色或不扮演客体的角色两种情况。此外，体验的亲历性也可以在心理层面发生，主体在心理上或虚拟地"亲身经历"某一事件，包括对他人的情感理解和对自身的反思和回顾。在交互设计流程中，设计团队通常需要采用观察法、沉浸法等手段对用户进行情感分析，这是对体验的亲历性的应用。

5. 体验的模糊性

主体的体验通常包含一些模糊、难以明确陈述的内容，这些内容在主体自身看来常常只是一种感觉，难以清晰地表达，具有模糊性。这些方面的体验渗透到主体的潜意识中，隐藏在内心深处，潜移默化地影响着主体。在未来的某个体验中，这些隐含的内容可能会被唤醒和激活，然后在一次兴奋的体验中转化为主体明确的意识，以更为明确的身份发挥作用。在这里，主体通过直观感知所体验到的形象特征是有限的，但这些形象特征所包含的意蕴是无限的，具有非规定性和不确定性。

4.2.3 体验的评价

如果某些体验的设计是成功且引人入胜的，那么它们对用户来说就是有价值的。但是出色的交互设计往往很难定义，它们有各种不同的侧重点与突出点，那么应如何评价这一价值呢？Lauralee Alben 在论文 *Quality of Experience* 中提出了体验评价模型。他提到当一个产品与服务开始进行整体设计和开发时，体验的质量与评价体系就开始产生了。他在一场交互设计比赛中，为了对参赛者的产品进行评价，提出了这样的体验评价体系，其中涉及 8 个维度的评价因素，分别是：理解用户、有效的设计流程、符合需求、可以学习和使用、适用、审美体验、可变、适于管理，如图 4-4 所示。

1. Understanding of Users 理解用户

理解用户是指在产品设计之前，设计团队通过系统的方式来洞悉用户的需求、任务、目标及使用环境。这一过程涉及使用各种方法和技术，以确保这些理解能够反映在最终产品中。理解用户是以用户为中心设计的基础，要求设计团队通过观察、访谈、沉浸等方法来与用户建立情感共鸣，全面了解用户的需求和痛点，从而能够明确定义设计目标。在评价体验产品与服务时，重点关注产品和服务是否真正解决了用户的问题，并且是否是基于深刻的用户理解而设计的。

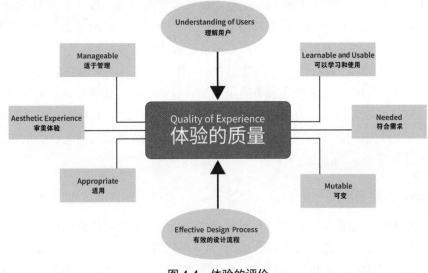

图 4-4　体验的评价

2. Effective Design Process　有效的设计流程

体验设计需要依照一个有效的设计过程进行。当我们面对一个产品时，可以探讨以下问题：这个产品是否是通过深思熟虑和良好执行的设计过程得出的？在这个过程中，出现了哪些关键的设计挑战？解决这些问题的基本原则和方法是什么？是否采用了特定的方法，例如用户参与、迭代式设计周期和跨学科协作？是否设置了合理的预算？设计与开发的时间安排是否符合预期？这些因素是否都有助于达成设计过程的目标？

尽管我们通常更倾向于从产品和服务本身来讨论其体验问题，但这种思考方式有时会导致我们忽视一些问题。因此，从设计流程的每一个阶段出发进行分析是一个明智的选择，当每个阶段都经过深思熟虑并得到设计时，产品的体验在每个阶段都将得到保障。

3. Needed　符合需求

符合需求是对体验的意义性的检验。这意味着需要考察产品是否满足特定需求，是否解决了具体问题，以及它是否对社会、经济或环境产生了重要影响。如前文所述，体验的第三层定义是针对活动目标和结果的体验，它强调了针对某一活动结果的反馈。这是指在某一活动从开始到结束形成一个完整的闭环时，用户最终会得到一种情感体验、总结和反馈。

如果在这样的任务闭环结束后，产品未能满足特定需求，那么用户的体验将被视为消极的。而如果用户在产品和服务结束后能够满足某一需求，那么这个体验将被视为积极的,且有可能持续得到用户的认可。

4. Learnable and Usable 可以学习和使用

产品是否能够让不同的用户轻松上手?产品的设计是否清晰传达了使用方法,使用户能够快速理解如何开始使用及如何继续操作?用户是否能够轻松地学会产品的使用技巧而不会忘记?产品的功能是否自明,即不需要额外的解释或指导?

在进行产品与服务的设计时,需要考虑用户的多样性,包括他们解决问题的不同经验、技能和策略。同时,还需要考虑不同用户的教育水平和文化背景,以判断产品是否能够支持并容许用户以各种方式使用它,以及产品是否容易上手。简而言之,需要将用户视为"小白",也就是一位完全不了解产品的新手用户,力求确保即使这样的用户也能轻松学会使用产品与服务。

5. Appropriate 适用

这一点强调了产品需要以适当、有效和成本效益的方式满足用户的需求。可以对设计进行以下问题的评估:产品的设计是否采用了正确的方法来解决适当的问题?产品是否以高效和实用的方式为用户提供服务?产品是否综合了社会、文化、经济和技术的知识,并将这些知识用于寻找合适的解决方案?这些合适的产品使用方法及实现成本,既影响用户在使用产品时的体验,也是影响商业成功的重要因素之一。

6. Aesthetic Experience 审美体验

除了使用体验,审美也是一个重要的体验因素。审美并不一定直接影响产品的使用过程,但它会对用户的情感产生重要影响,这正是前文提到的体验的情感性。审美可以影响用户对产品的喜好、情感投入、初次印象、品牌形象等情感体验,尤其对那些以审美为导向的消费者来说,审美因素可能是产品体验的一个关键考量因素。

在这一背景下,可以对产品提出以下问题:使用该产品是否带来了美学上的满足和愉悦?产品的设计是否在图形、交互、信息和工业设计方面表现出一致性和卓越性?是否体现了一致的精神和风格?设计是否能够在技术限制下实现卓越表现?是否实现了软硬件的协调整合?这些问题有助于评估产品的审美质量和其对用户情感体验的影响。

7. Mutable 可变

这一点涉及产品和服务的可适应性,这种适应性需要能够面对不同的用户和不同的场景。对于不同用户的适应性意味着产品能够根据不同个体或用户群体的需求和偏好进行调整。对于不同场景的适应性意味着产品可以根据不同问题和情境进行优化以满足需求。特别是商业化的产品,需要关注适应性,因为它们通常需要不断进行迭代、创新和升级。

在设计时，需要从未来的角度来思考，至少要考虑未来 3～5 年的规划，以确保产品具有足够的适应性。在考虑适应性时，可以考虑以下几点：设计是否考虑了适应性的需求？产品能够在多大程度上满足个体和群体的特定需求和偏好？设计是否允许产品为新的、可能无法预测的用途而进行调整和发展？在未来的版本更新中，产品将发生多大的变化，是否符合预期？这些问题有助于评估产品的适应性和未来的可变性。

8. Manageable 适于管理

适于管理是指除了产品和服务本身以外的前台和后台运作，如安装、培训、维护、成本管理、供应链等各个环节。一旦产品和服务面向商业化市场，它们必然会经历售前和售后阶段。快速购买、简单的安装过程、版本更新、售后维护等各个环节都直接关系到产品和服务的整体体验。当用户在整个前后台服务体验中感到满意时，他们会建立对品牌的信任，从而更有可能在未来继续选择该品牌的产品和服务。

在设计产品时，需要考虑以下问题：产品的设计是否超越了将"使用"仅仅定义为功能性，而是支持使用整个生态系统？产品是否从个人和组织的角度考虑了这些需求及其他需求？产品的设计是否考虑了诸如合同谈判和"所有权"概念（包括权利和责任）等问题？这些问题有助于评估产品的适于管理特性，以确保产品和服务的整体体验得到有效管理。

当我们试图针对一个产品或服务的体验进行分析时，不妨尝试上述 8 个体验评价要素。需要注意的是，不同类型的产品与服务，对于这 8 个体验评价要素的侧重点有所不同。例如针对某些一次性产品，适于管理就显得不那么重要。又例如针对装饰性产品，审美体验将是最重要的一环，而功能性产品最重要的则是符合需求。应该先对产品与服务本身的定位有一个了解，再从这 8 个体验评价要素出发开展工作。

4.2.4 用户体验要素

用户体验（User Experience，UX）是指用户在使用一个产品或系统之前、使用期间和使用之后所体验到的全部感受，包括情感、信仰、喜好、认知印象、生理和心理反应、行为和成就等各个方面。用户体验是一种纯主观感受，不同用户或用户群体之间的用户体验感受可能各不相同。然而，对于一个明确定义的用户群体来说，可以通过精心设计的实验来认知用户体验的共性。

国际标准化组织（ISO）列出了影响用户体验的 3 个关键因素：系统、用户和使用环境，如图 4-5 所示。虽然实际上还有许多因素可以影响用户对系统的实际体验，但为了便于讨论和分析，仍然从这 3 个因素出发进行讨论。在针对典型用户群体和环境情况开展用户体验研究时，有助于产品设计和系统改进。将用户体验的影响因素分为上述 3 个方面还有助于我们找到产生特定体验感受的原因。

图 4-5　用户体验的 3 个因素

Hassenzahl 和 Tractinsky 在 2006 年的论文中对用户体验的 3 个因素进行了介绍，如图 4-6 所示。他们把"用户"这一要素进一步地解释为"使用者的内部状态"，"使用环境"则是以场景作为解释。在论文中，他们对每一个要素的具体含义展开介绍。

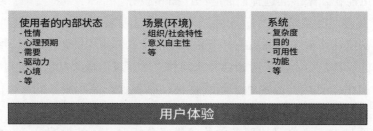

图 4-6　Hassenzahl 和 Tractinsky（2006）的三因素模型

1. 使用者的内部状态（用户）

使用者的内部状态是指用户在使用产品时的一系列个人状态和情绪特征。这包括用户的性格特征、对产品与服务的心理期望、使用过程中的需求、内在动机，以及在整个过程中的情感状态等。所有与用户本身相关的因素都可以归为这一类。

举例来说，考虑一个用户在拥挤的公交车上，没有座位且需要拨打电话的情境。在这种情况下，用户的内部状态可以分析为：动机—拨打电话，期望—公交车有座位或有人下车，情绪特征—焦急，客观资源—只有一只手可以打电话。

2. 场景（环境）

场景（环境）是指使用者周围的一些外部因素。例如使用者所在的组织，使用者所处的社会，以及产品与服务带来的价值与意义等。这些外部因素使得用户在具体情境下对产品与服务产生不一样的体验。

同样是上述公交车的案例，对于环境要素可以这样分析：社会因素—乘客通常的行为，时间因素—公交车到站时间，环境因素—公交车行驶路段是否平顺等。

3. 系统

系统是指产品与服务本身的功能、复杂度、能够达成什么目的、可用性如何等。系统可以说是产品与服务本身，也就是说用户体验产生的主体。系统是3个关键要素的决定性要素，因为使用者和环境都是基于系统来进行体验的。

仍以上述公交车的案例来拆解系统要素，可以是：可用性—通话界面是否能够单手拨打，功能—短信软件及输入法等。

另一个常用的用户体验要素模型是由芬兰学者Leena Arhippainen在2009年的论文中提出的五因素模型。该模型认为用户体验由5个关键因素共同作用而产生，这些因素包括用户、产品、使用场景、社会因素和文化背景，如图4-7所示。

图4-7　Leena Arhippainen（2009）的五因素模型

与三因素模型相比，五因素模型的一个主要区别在于将场景（环境）因素进一步拆分为社会因素、文化背景和使用场景3个方向。虽然产品和用户都是明确的讨论主体，但场景（环境）因素涉及的内容广泛且复杂，难以进行详尽的讨论。而五因素模型以更具体的方向拆解场景（环境）的因素，为用户体验设计师提供更清晰的指导，以便更好地分析用户体验要素。

用户体验要素模型的意义是能够帮助设计团队对产品与服务进行分析，从产品本身、用户、环境影响等方面开展用户体验工作。用户体验要素是用户体验设计的底层核心基础，基于用户体验要素，如今也发展出了许多成熟的设计模型和设计模式，并被应用于不同领域，能够帮助设计师在设计时考虑到用户体验要素的一种范式，如图4-8所示。

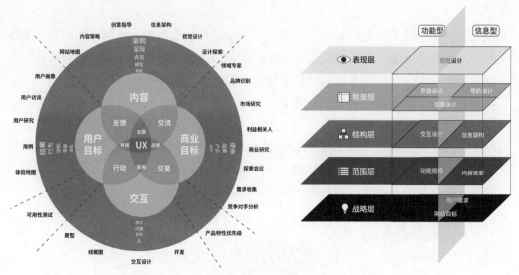

图 4-8　基于用户体验要素演化的设计模型

4.3 为用户体验而设计

4.3.1 设计的3个层面

交互设计的核心在于通过产品与服务的创建，优化人与产品、人与环境、人与人之间的互动关系，而优秀的互动关系将引发出色的用户体验。在产品与服务的塑造过程中，我们可以逐步推进，逐层满足不同的需求。首先，需要满足功能完整性的需求，以确保功能能够满足用户的基本需求。接着，要关注产品的外观和美学，使其吸引用户的注意力。最后，需要关注用户体验，确保用户在使用产品时能够享受愉悦的体验，从而建立对产品的信任。图 4-9 所示为设计的 3 个层面。

1. 第一个层面：功能需求

产品与服务的基本要求是满足功能需求，解决用户的实际问题。如果一款产品不能解决问题或满足某一特定场景的需求，用户通常不会为其付费。随着设计理念的演进，产品的功能需求也有不同的定义。早期的产品设计侧重于提供尽可能多的功能，强调功能的广泛性。然而，现代产品设计更加注重对功能的排序和筛选。产品可能不会涵盖所有功能，但会确保核心功能的完备性。用户通常更喜欢那些在某一功能上表现出色的产品，而不是涉及多个功能但表现平庸的产品。

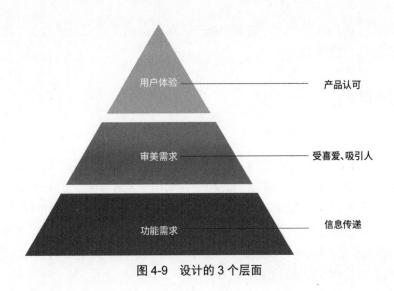

图 4-9 设计的 3 个层面

2. 第二个层面：审美需求

审美需求与产品的吸引力和用户喜好密切相关。审美是一项高度主观的因素，通常设计师会根据市场趋势、品牌定位和产品特性来进行外观设计。产品的外观能够在用户心目中留下第一印象。举例而言，如果一款办公产品采用了极简和专业的设计，用户可能会认为它是高质量的办公工具。相反，如果采用了色彩丰富的设计，用户可能会质疑其实用性。此外，产品的外观还会对用户对品牌的认可和归属感产生影响，尤其是家居用品和日常用品。用户通常会以外观设计来评价和认定品牌。现代审美需求已经不仅仅局限于产品的外观设计，越来越多的产品走向了个性化的发展道路。举例来说，推出不同颜色的手机或可定制的球鞋等产品，用户渴望通过产品的外观来展现自己的个性，这导致了产品审美需求的变化。

3. 第三个层面：用户体验

用户体验需求是至关重要的，因为用户体验将直接影响人们对产品的认可程度，并且是用户是否成为忠实客户及是否向他人推荐产品的重要因素。在使用产品的过程中，用户会实现特定目标、获得有价值的体验，并在这个过程中产生情感反馈。这些情感和意义将共同塑造用户对产品的深刻印象，从而产生积极或消极的用户体验。用户的体验在产品的各个阶段，包括初次接触产品、了解产品、使用产品及分享产品等环节中逐渐形成。良好的用户体验将在这一连串的交互中不断循环和更新，促使产品的进一步发展。

虽然这 3 个层面的设计在逻辑上有所区分，分别涵盖底层需求和高级需求，但它们不是线性排列的，而是同时存在且相互影响的。例如，办公软件通常以功能为主要卖点，需要提供广泛的功能，但可能在用户体验和审美方面相对较弱。另一方面，家居产品的主要目标是打造美观舒适的家居环境，因此审美和用户体验的需求可能更为重要，而功能需求相对次要。因此，在进行设计时，需要根据产品和服务的类型来分析这3个层面的需求，以便更好地满足用户的期望。

4.3.2 设计心理学

设计心理学是一门建立在心理学基础之上的学科，旨在探讨人们的心理状态，特别是他们对需求的认知如何影响设计过程。这一领域不仅研究设计对象的心理状态，还关注设计者在创作过程中的心理变化，以及产品和服务如何引发社会层面的心理反应。设计心理学通过结合心理学和设计学的原理，深入研究设计如何反映并满足人们的心理需求。

Donald A. Norman 在他的著作"设计心理学"中对这一学科进行了深入浅出的阐述。他提出了"行动的七个阶段"，通过这一模型，深入分析了人的心理活动如何影响人与物、人与环境之间的相互关系，如图 4-10 所示。

· 行动的七个阶段：

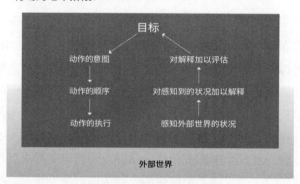

图 4-10 行动的七个阶段

（1）感知外部世界的状况：人们首先会通过视觉、触觉、嗅觉、听觉、味觉五感对外部世界进行感知。就像计算机需要键盘和鼠标才能进行信息输入一样，人类也是通过身体器官对外部世界进行感知，从而与外部世界产生初步联系。

（2）对感知到的状况加以解释：对外部世界进行感知后，这些信息都会进入我们的大脑中加以解释。例如看到太阳，大脑会告诉我们白天了；听到雨声，大脑会告诉我们外面下雨了。人们会通过已有的经验对五感接收到的所有信息赋予实际意义的解释。

（3）对解释加以评估：在获得外部感知的解释后，人们会将外部环境结合自身的情况加以评估，得出更进一步的结论。举例来说：当听到雨声后，大脑对这一现象的解释为"下雨了"，而我们结合外部环境与自身情况对这个解释进行评估后得到的结论为"外面下雨了，出门不方便"，这便是对外部信号的进一步评估。

（4）形成目标：之后，将会形成一个具体的目标，这个目标将会成为后续行为的起点。例如在评估得到结论"外面下雨了，出门不方便"后，可能会得到"需要做一些准备再出门"这一目标与结论，从而对后面的动作展开规划。

(5）动作的意图：有了"需要做一些准备再出门"这一目标后，我们会开始拆解动作的意图、动作的顺序、动作的执行。而此时由于我们需要在雨中出门，我们的意图将是"找到雨中出门需要的物件""顺利出门"这两项，这个意图会指导我们后续对具体动作顺序的拆解。

（6）动作的顺序：在动作的意图产生后，我们会开始在心中策划这个意图需要的一系列动作。例如把伞放进包里、换上防水的外套、找出雨鞋等。我们会在内心对这些动作进行排序，以确定接下来如何执行。

（7）动作的执行：最后，我们会按照心中定好的动作顺序执行具体的动作，完成某件事情，与产品或环境产生交互，并影响外部世界。

至此，人与外部世界的关系从被动感知到主动执行并影响外部世界，形成了交互关系，产生了联系。设计心理学即是通过分析用户在这 7 个阶段中的心理变化，以设计为手段影响用户的心理状态，从而改善用户的体验。

设计心理学强调以人为中心的设计哲学，融合了认知心理学、行为学等多个学科方法，以确保设计过程满足用户的需求。它不仅有助于识别并解决设计中可能会困扰用户的问题，还通过分析用户的心理状态提供问题解决的方法。设计心理学的关键目标是通过深入了解用户的内在需求和潜在心理变化来指导设计，提出相关的设计原则。这种方法强调了人性化和用户满意度在产品和服务设计中的关键作用。

4.3.3 情感化设计

"情感化设计"是 Donald A. Norman"设计心理学"三部曲中的一部，深入探讨了情感在设计中的关键作用，以及如何将情感因素融入产品设计中。情感化设计从心理学的角度解决了一个看似矛盾的问题，即产品的可用性与美感之间的权衡。

通常情况下，为了保证产品的功能性，美观性常常被牺牲，反之亦然。情感化设计通过心理学的视角解释了这一问题，并强调了情感和情绪在日常生活中的 3 个特征层次：本能、行为和反思。这一理论基础有助于将情感纳入产品设计的各个层面，通过情感反馈与用户建立联系，创造用户喜欢的产品。图 4-11 所示为加工的 3 种水平。

图 4-11 加工的 3 种水平

Donald A. Norman 提出了情感化设计的 3 个层次,即本能层次、行为层次、反思层次。当人们感知到外在事物后,会从这 3 个层次产生情感反馈,每个层次之间环环相扣,最终表现出具体的行为,为设计提供了思路。

(1) 本能层次:人们对审美有一种本能的思考方式,通常在初次接触某个事物时会立即形成第一印象。本能层次设计主要涉及产品的视觉外观,因此需要综合考虑目标用户群体、产品类型和品牌定位等因素。关于本能层次的设计,设计师应该思考以下问题:你希望你的产品在用户第一次接触时留下什么样的第一印象?你的产品应该更专业化还是更人性化?你的目标用户是儿童还是成年人?产品的定价是多少?所有这些问题都需要在进行本能层次的设计时细致考虑。

对于艺术类产品和家居用品等以审美体验为主的产品,本能层次设计在情感化设计中占据了相当重要的地位。由于这类产品通常不需要频繁满足更深层次的情感需求,有时候为了满足用户对审美的需求,设计师可能需要裁减一些次要功能,以更好地满足产品的情感化体验。

(2) 行为层次:行为层次是指用户在具体使用产品时感受到的情感化体验,如乐趣、效率、方便、贴心等。若本能层次的设计是为了定义人们对产品的第一印象,那么行为层次则是通过设计影响人们在使用时的感受。

对于以功能为主的产品来说,行为层次是设计师最需要关注的。用户使用产品就是由一连串行为所组成的,这一连串行为是否能有效完成任务、是否能满足用户需求、是否能延续本能层次留下的第一印象,这都是行为层次需要考虑的问题。

(3) 反思层次:反思层次与物品本身带给用户的意义有关,它受到环境、文化、身份、认同等影响,是一种比较复杂的概念。反思层次的设计可以从思想文化、人文关怀、个性化等方面来设计,例如星巴克用咖啡渣制作成吸管,将咖啡文化与环保结合在一起,让用户对星巴克的品牌有了"环保"这一反思性的良好情感印象,也导致用户更愿意在星巴克消费。

反思层次的设计与用户的长期感受息息相关,用户在长时间使用产品后,产品与用户之间建立起了情感的纽带,通过与产品互动影响了用户的自我形象、个人满意、记忆等,并形成对品牌的认知,培养了对品牌的忠诚度,最后品牌将成为情感的代表或载体。

情感化设计是许多产品成功的秘诀,通过产品的情感化打造,让产品在具备功能的同时拥有更多的温度、更加人性化,因而被用户所喜爱。本节介绍了情感化设计的 3 个层次,并给出了一些可供参考的设计意见。读者也可以尝试在设计产品时加入情感化的元素,增加用户的情感化体验。

4.4 协同体验

4.4.1 体验与社会化

在过去，产品和服务的设计主要以自我满足为导向，交互设计框架也通常遵循这一理念。如今，这一理念已经发生了重大变化。交互设计和用户体验设计不再仅关注单一用户与系统之间的关系，而逐渐扩展到多用户之间，以及多用户与系统之间的关系。许多心理学、人类学和社会学的研究方法也开始应用于交互设计，用以研究多用户之间的关系。可以从以下 4 个角度来考虑体验与社会化的关系。

用户体验和社会化交互交织。用户体验是指用户在一段经验中的情感、意义、反馈，而这些与环境条件、文化背景是无法分割的（在前文的用户体验要素中，也提到过环境因素）。因此，用户体验必然是与社会化进行交织的，而当"社会"涉及其他用户时，便产生了多人的协同体验。

从社会维度和意义方面体验产品。如今许多产品与服务的目标意义是指向社会维度的，阿里巴巴集团的蚂蚁森林应用是一个很好的案例，它通过植树造林赋予用户一个公益的积极意义，又通过互动游戏玩法形成社交黏性，如图 4-12 所示。这也是一个体验与社会化结合的好方向。

图 4-12 蚂蚁森林

社交成为体验的一部分。社交是一种很好的形成体验的方式，如交友带来的快乐、分享内容带来的满足、共同完成某一目标带来的兴奋等。现在许多产品逐渐把社交作为一个重要的要素，通过打造社区来增加用户对产品的认同感。

人是一种社会性生物，所有的行为或体验都或多或少会受到他人或社会的影响。前文在形容体验的主体性时，也提到过体验在某一类用户群体中是有一定的共性的。因此在讨论体验时，也应考虑到体验在群体中产生共同体验这一现象，尝试关注体验的社会化特质，讨论社会环境对体验的影响。

4.4.2 协同体验概述

这种探讨多人之间的关系以及体验与社会化关系的新视角被称为协同体验（Co-experience）。协同体验描述的是个体的体验如何受到社会和环境的影响，成为社会互动的一部分，并且如何由此而产生不同的体验感受。其核心在于将产品和服务置于社会化情境中，涉及与他人的互动、环境的诠释、体验的塑造及对个体行为的影响等一系列问题的探讨。

协同体验是在用户体验的基础上逐步发展演化而来的，它涵盖了 3 个关键层面：事物本身的意义、个体间互动的意义，以及意义在被传递、处理和解释的过程中的变化。将这 3 个层面与社会互动、用户体验及实用主义哲学相结合，协同体验涌现出以下 3 种互动方式。

（1）分享体验：当人们对日常中的某件事产生了经历，并有一定的体验后，常选择以各种方式与人交流。我们往往会评估这个体验是否有足够的意义与他人交流，才会对此进行分享、描述。

（2）互换体验：当某个体验被我们分享后，同一经历的其他人也会对此产生共鸣，并分享相似的体验，这一过程便是互换体验。在互换体验中，客体的体验、分享互换的过程都是有一定的意义的。通过体验的互换，人与人的体验成为了社会化的一部分，某个社会化的情境得到了维护、支持和诠释。

（3）排斥或忽视体验：某些体验也有可能受到他人的忽视或排斥，这往往是由于人们之间无法对某一体验产生共情，可能这个体验让人觉得过于熟悉、无聊，甚至感到冒犯、愤怒等。在进行协同体验的设计时，要用设计的方式规避这种消极的体验互动。

4.4.3 案例分析

在本节中，将介绍一个经典的协同体验案例，即"反转闹钟"。

反转闹钟是一个通过闹钟产品建立父母与孩子之间社会化联系的案例，它涉及 3 个产品和 2 个用户群体组成的协同体验。这 3 个产品包括：墙上的闹钟、孩子的百宝箱及父母的时间设置器。而涉及的两个用户群体分别为父母和孩子。在这个协同体验中，父母需要使用时间设置器来设定闹钟时间，而孩子则需要在百宝箱中选择入睡音乐和唤醒音乐。随着时间的推移，闹钟会以不同的图像呈现，以完成整个协同体验的过程，如图 4-13 所示。

孩子的百宝箱具备两个令牌插槽，分别用于选择唤醒音乐和入睡音乐。孩子可以将代表音乐播放列表的令牌放入百宝箱中以进行唤醒音乐的选择，而另一个音乐令牌则可放入百宝箱顶部的插槽，用于选定入睡音乐。为了启动闹钟，孩子只需按下位于胸部盖子上的星号按钮即可。

第 4 章　用户体验——将体验作为核心原则开展交互设计

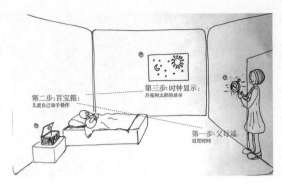

图 4-13　反转闹钟流程图

由于孩子的自律性相对较差，以及数学思维尚未完全培养，他们难以参与到设置闹钟或设备调试的过程中。但百宝箱的巧妙设计使孩子可以用简单易懂的方式轻松选择唤醒音乐和入睡音乐，使其能够积极参与反转闹钟的活动，如图 4-14 所示。这种设计为孩子创造了积极的协同体验，为他们带来了令人愉悦的反馈。

反转闹钟的时钟设计与传统的时钟不同，它没有数字、时针、分针和秒针，而是用太阳、星星和月亮来代表当前的时间状态，如图 4-15 所示。这种设计考虑到了儿童尚未具备识别传统时钟的能力，因此反转闹钟采用了一种仿真的设计方法，将真实环境与时钟的显示方式相结合，以便孩子能够理解和识别时间信息。这一设计方法体现了协同体验的理念，通过产品与环境之间的协同作用，以孩子易于理解的方式传达时间信息，例如白天显示太阳，晚上则显示月亮和星星。

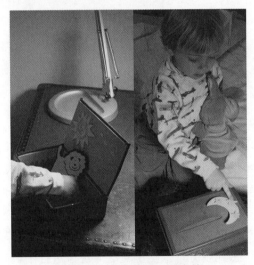

图 4-14　反转闹钟：百宝箱

图 4-15　反转闹钟：闹钟

例如，孩子半夜醒来发现还是月亮在亮，代表还不到起床时间。而月亮灭掉、太阳亮起之后，表示可以起床，此时孩子设定的百宝箱音乐缓缓播出，如图 4-16 所示。孩子起床后，床通过重力感应到并通知父母孩子已起床。

图 4-16 反转闹钟:闹钟的变化

反转闹钟很好地将人与人、人与物、人和物与环境进行有机的结合。

人与人:通过父母设置闹钟、儿童设置音乐、儿童起床后通知父母这 3 个流程,将父母与儿童都容纳进反转闹钟的交互操作中。

人与物:百宝箱的设计让孩子也能通过最简单的方式选择入睡音乐和唤醒音乐,加入到整个交互流程中。

人和物与环境:闹钟采用太阳、星星、月亮的拟物化表达,与真实时间环境相对应,既能正确代表入睡/起床时间,也能让儿童快速理解。

通过这 3 个关系的打造,反转闹钟塑造了良好的协同体验,打造了在每天起床/入睡环节中的良好家庭关系。

4.5 心流

4.5.1 心流的概念

心流是由米哈里·契克森米哈赖提出的心理学概念,用来描述在进行某项专注行为时所展现出的心理状态。这种状态在一些情境下表现为用户的强烈专注,如作家在写作或艺术家在创作时。在心流状态下,用户通常不愿受到打扰,这种现象也被称为抗拒中断,伴随着心流的还有兴奋和满足感。

我们常常能够观察到一些人在长时间玩游戏后仍然充满精力,尽管他们没有充分休息和睡眠。他们为什么能保持精力充沛?他们是否感到疲劳?米哈里对这一现象进行了调查与研究,并发现在特定活动中,用户可以进入一种极度兴奋和充实的状态,以至于不会感到疲倦,仿佛超越了自己的存在。他将这一状态称为"心流",代表了一种将专注力推向极致的最佳体验,当我们全神贯注地投入到充满创造性或乐趣的活动中时,便会体验到这种如痴如醉的感觉。

4.5.2 心流与体验

体验是用户在接触某个事物、人物、活动后的感知、情感、印象和反馈的总和，因此，心流本身也是一种用户体验。可以尝试根据任务的挑战程度和完成任务所需的技能水平，对与任务相关的体验进行分类。挑战程度反映了用户在任务中面临的困难或容易程度，高挑战度表示任务相对较难，而低挑战度则表示任务相对容易。技能水平则指用户是否具备足够的能力来完成任务，通常涉及用户的技能水平是否足够解决任务中的问题。按照这些维度，可以将任务完成的体验大致分为以下 8 种：激发、焦虑、忧虑、冷漠、无聊、放松、控制和心流，如图 4-17 所示。

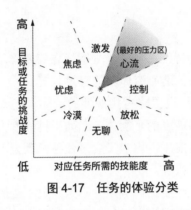

图 4-17　任务的体验分类

（1）激发：当我们使用中等技能度来完成高挑战度的任务时，能够感受到工作技能提升，或者学习水平提高。虽然在完成任务时会遇到比较多的挑战，但仍然可以给我们一种激发、鼓励的感受。

（2）焦虑：当我们在低技能水平下试图执行高挑战度的任务时，容易出现焦虑的体验。例如任务目标难以达成、经常失误受挫、对任务感到失控等。

（3）忧虑：当我们面对中等挑战度的任务，但却只有低技能水平时，容易忧虑。由于这些任务可以通过努力提高技能水平来达成，但并不能保证成功，我们往往会感到忧虑。

（4）冷漠：当某一任务需要的技巧低且挑战度也很低时，由于任务过于简单，我们会对任务产生冷漠的体验。此时我们往往不会专注在这一任务中，也就无法形成心流。

（5）无聊：有些任务需要一定的技能水平，但却不能让人感受到挑战。例如做家务这样的任务，往往让人感到很无聊。

（6）放松：例如绘图、阅读、创作等，有时候并不需要制订一个较高的目标，仅作为日常消遣，就是一种非常放松性的高技能和低挑战度的任务。

（7）控制：当我们用高技能度完成中等挑战度的任务时，往往会有强烈的控制感。例如驾车，挑战感并不强但需要我们经过专业学习才能完成，这项任务就能带给我们强烈的控制感。

（8）心流：当用户进行高挑战度、高技能度的任务时，这两个属性达成了某种平衡状态，让用户能够不断地使用自己的技能完成一个挑战并得到相应的反馈，心流便会随之产生。

通过在高挑战度和高技能度之间找到平衡，我们可以创建理想的任务压力区域，鼓励用户全身心地专注和沉浸在任务中，从而促使心流状态的发生。在进行交互设计和用户体验设计时，可以根据心流理论尝试构建这种理想状态的体验，使用户不自觉地对产品产生依赖，甚至陷入其中。尽管并非所有类型的产品和服务都适合心流状态（例如，驾驶系统强调控制感，阅读软件强调放松），但可以从心流的角度出发，尝试进行设计，并通过调整技能水平和挑战度，逐步优化用户的体验。

4.5.3 打造心流

根据前文描述的心流的活动特征、所需的平衡状态等要素，可以总结出帮助用户快速进入心流的方法，从而得到一些打造心流体验的有效方案。

（1）根据用户的能力，选择/设置略有挑战性的活动、任务、目标。从前文可以了解到，心流是一种高挑战度、高技能度的平衡体验。如果挑战度大于技能度，用户会感到忧虑甚至焦虑；如果挑战度低于技能度，用户又会对任务感到无聊。而当挑战度与技能度达成平衡时，用户就容易进入心流状态。

值得一提的是，挑战度跟技能度在任务中并不是固定不变的，随着任务的推进会有不一样的体现。并且在设计任务时，因为在进行任务的过程中用户的技能度会得到一定的提升，可以尝试将挑战度设计得高一点。

（2）在任务中提高用户的技能度，并影响挑战度。用户在进行任务时，出于对产品与服务的了解与接触，技能度会有一定程度的提升（这也是心流反馈中一种良性的自我反馈）。而此时若挑战度一成不变，用户会因为任务变得简单而感到无聊，此时就需要我们对挑战度进行提高。因此，心流的塑造其实是一种动态平衡的过程，要通过有挑战度的任务来提高用户的技能度，同时挑战度也要根据用户的技能度提升而进行提高，如图 4-18 所示。

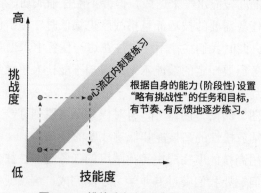

图 4-18　挑战度与技能度的动态平衡

（3）把任务目标拆解成阶段性任务，并给出反馈。要对流程进行细节的设计，确定每一个阶段性的任务并展示给用户，尽可能让用户可以很快地完成阶段任务并得到一定的反馈。这样做的好处一是通过阶段性任务用户可以更清楚地了解整个任务的流程与方法；二是可以增加用户对任务的掌控感，更有信心和意愿继续完成任务；三是如果任务在过程中被打断，用户也能很快重新进入心流状态。

（4）帮助用户摒除干扰，专心投入。在进行产品与服务的设计时，可以通过一些设计方法帮助用户更快地沉浸其中，不受到外界的干扰，从而更容易进入心流状态。例如某些办公创作软件，开启后会为用户屏蔽社交软件的弹窗消息，让用户能够专注于工作中。或是一些娱乐软件，在设计时会特地隐藏时间信息，让用户感受不到时间的流逝。

（5）为用户找到/创造任务的意义。创造意义跟反馈很类似，但意义通常是更高层次的心灵需求，而反馈则是一些及时的感受。若一件事有一定的意义与价值，用户会更愿意朝着这个目标去进行一项活动。在创造意义的方法中，米哈里提出了一个方法，即将目标按照底层目标、中层目标、顶层目标拆解，分成大大小小的目标，都指向终极目标。如果其中某个目标不一致，就要作及时的调整。

上述 5 个设计方法放在交互设计/体验设计中并不是正确答案，它们指的是塑造心流体验的方法，但在体验设计中仍有许多不同的体验类型需要塑造（如控制感、放松感等）。当我们在进行产品与服务的体验设计时，可以尝试遵从上述 5 个方法进行设计，先打造心流体验，再进一步调整目标、挑战度和技能度，从而找到最合适的产品与服务体验。

4.6 经典案例解析

4.6.1 体验分析工具——体验之环

在开始案例分析之前，首先介绍一种用于体验分析的设计工具，即"体验之环"，如图 4-19 所示。体验之环有助于描述人们与产品或服务建立关系的过程，并帮助我们分析产品与服务的不同体验要素。在设计流程中，体验之环通常用于原型测试的最后阶段，通过逐步拆解和分析整个流程，有助于发现产品与服务的体验缺陷，从而进行版本迭代并完善细节。

体验之环由 5 个部分组成，分别是连接和吸引、定向、交互、延续与保持、拥护者。这 5 个部分代表了影响产品与服务体验的不同方面。首先可以对整体流程进行大模块的分析，然后选择产品与服务体验流程中的某个中等部分进行体验之环分析，最后选取最小的局部模块进行分析。

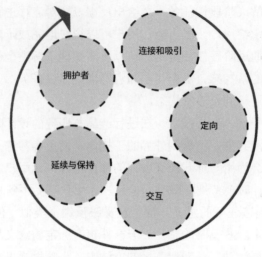

图 4-19 体验之环

尽管体验之环的使用通常分为整体、中等和局部 3 个阶段，用以分析产品与服务的不同环节，但对于比较简单的产品和服务，有时一次体验之环分析足以达到必要的分析效果，不必坚持进行完整的 3 次分析。同样，对于复杂的服务，可以进行多次体验之环分析，以分析不同颗粒度的服务环节，直到分析完整为止。

体验之环的 5 个部分介绍如下。

（1）连接和吸引：这一部分是指产品与服务和人的最初联系，并使用该联系产生有效和情感的印象，如广告、传单、品牌印象等。当用户与产品/服务产生交互的第一步发生时，体验也随之产生。第一印象是非常重要的一个部分，用户常在第一印象发生后对后续的体验环节产生心理预期，若后续的体验环节符合或超出心理预期，用户会感到满足；反之，若后续的体验环节低于心理预期，用户会感到失望，从而产生不好的体验。

（2）定向：概述或预览可用的或可能的内容，以便于对后续的体验分析展开探索。在这一步中，可以展示整个体验环节的主要内容划分，如游乐园中的几个主题模块、游戏的几个重要系统、购买流程的核心环节等。对这些内容进行定向，可以帮助用户了解后续的主要体验环节以形成心理预期。在梳理定向的过程中，也能帮我们审视环节的完整性，以解决一些大的体验问题。

（3）交互：是指在整个体验环节中，用户完成某些有价值的活动，同时使感官、技巧和对总体内容的期望达到预期目标。在交互过程中，我们不仅是被产品/服务进行取悦，也付出了技能、操作等互动，参与到了活动中。交互是整个体验环节的主要活动事件，是承上启下的部分。一方面用户在交互环节中对前述吸引部分带来的心理预期进行了验证，另一方面交互结束后产生的体验也将延续到后面的分析中。

（4）延续与保持：在体验环节的末尾，用户会随着期望的提高而返回更多内在的反馈，例如对产品和服务有很高的忠诚度、与产品/服务互相可利用的关系等。一个良性的体验关系往往不会只有一次，它能够让用户感到意犹未尽并在某个时间点重新进行体验，用户甚至会为了保持这份体验进行更多的付出。例如手机的推陈出新，不仅能够吸引新用户购买，老用户也会为了追求信赖产品的新体验而购买。又例如在游乐园的最后常见的纪念品商店，用户会为了在这段体验结束后，仍然可以回忆起这次体验，而购买相应的纪念品作为一种纪念。

（5）拥护者：拥护者会积极地向他人传达他们的满意度。例如通过拍照、社交软件、口耳相传等方式对他人描述他们对这段体验的感受。拥护者往往会为产品/服务拉来新的用户，自己也很有可能成为回头客。对于一段体验流程中，只要体验让人感到满意，自然而然就会产生拥护者。而设计师需要做的就是为拥护者设计可向用户传达的分享机制，如合影墙、微博词条等。

上述 5 个环节在一个完整流程的体验分析中往往缺一不可，但是面对不同颗粒度的体验流程分析（如整体、中等、局部等），对这 5 个环节的理解会略有差别。但在分析时仍然应保护这样的一个流程依次开展体验分析，逐步深入到每一个体验活动中，如图 4-20 所示。

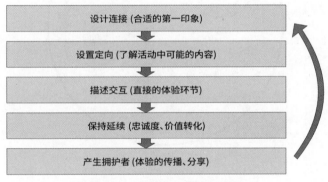

图 4-20　体验之环的使用流程

4.6.2　经典案例1：Apple（苹果）

Apple 以卓越的用户体验而闻名，与众多相似的公司相比，其零售店以"体验店"为核心理念，重新定义了 IT 线下零售店。从装修、服务、品牌建设等各个方面，Apple 商店将原本仅用于销售和售后的传统商店转变成了广受欢迎的目的地，如图 4-21 所示。Apple 商店在一个单一的场所内融合了体验、销售、售后、活动、推广等多种元素，这些元素不仅相辅相成，而且相互增益，给每位进店用户留下深刻的印象。

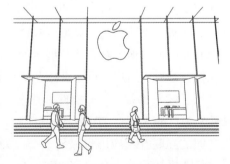

图 4-21　Apple（苹果）商店

对 Apple 公司的体验分析，我们将使用体验之环，从整体——产品的全生命周期、中等——Apple 商店体验、局部——店中购物流程3个层次，以 Apple 商店为切入点开展讨论。

1.整体——产品的全生命周期

连接和吸引 —— 广告：通过电视、广播、广告牌的方式传播广告内容。Apple 公司总是会选择符合当下潮流的视觉语言，并结合品牌的商业定位来设计广告的视觉画面。在内容上，往往会用简单有力的标语让用户对产品感到期待，从而愿意了解甚至购买苹果的产品。在 Apple 公司成立初期，正是通过与传统电子厂商不同的广告形式，让其受到了更多关注，也改变了人们对这个产业的印象，如图 4-22 所示。

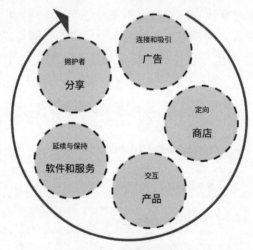

图 4-22　整体体验之环

定向 —— 商店：Apple 公司用银色作为主色调，采用了极简冷淡的设计来装修商店。进入商店后，用户仿佛离开了市井，置身于另一个世界。进入商店后，得益于极简设计，用户可以很简单地看出店铺的结构，知道如何在店中浏览。并且，所有类型的商品都被陈列在桌面上，用户在商店门口也能一览无余。

交互 —— 产品：店铺中的所有产品都会直接摆在桌面上陈列，用户可以浏览、体验、购买。不同的商品类型、颜色、型号按照一定的逻辑顺序摆放，用户在进入店面的一瞬间便能很快地了解到目前展示的产品类型，并找到自己想要体验的几个产品进行体验。在体验过后，用户也可以直接购买喜欢的产品。

延续与保持 —— 软件和服务：Apple 公司为苹果用户提供了一系列强大好用的软件，如 App Store、iTunes Store、Pages、Keynote、iMovie 等。与此同时，Apple 系列产品之间的互联互通应用也深入人心，如通过 iCloud 传递数据、保存云文档，通过多屏协同进行数据转移等。Apple 公司通过不断地对软件和服务进行维护和推陈出新，极大地提升了用户使用 Apple 产品的体验。

拥护者 —— 分享：Apple 提供了一系列有助于用户之间进行分享的软件和服务，例如在 iTunes Store、App Store 中都可以购买音乐并分享给其他 Apple 用户。同样，日程、提醒事项、备忘录也能通过 Apple 软件体系分享给其他 Apple 用户。Apple 还提供了传输文件速度极快的 airdrop 功能，极大地提高了文件传输效率。这些都有助于 Apple 的产品产生"人传人"现象，即一旦你的工作团队以 Apple 产品为主，你也会为了这些分享功能而选择 Apple 的产品。

2. 中等——Apple商店体验

连接和吸引——繁华地段：Apple 公司常会选择繁华的商业地段建设体验店，如上海人民广场、北京三里屯等；并且 Apple 公司也会在商场里铺设较小的苹果迷你店。通过在繁华地段的大面积体验店建设，Apple 体验店给整个城市留下了深刻的印象，并成为某个地段的地标。这往往会吸引各种用户前去打卡，也能给逛店用户带来强烈的新鲜感，如图 4-23 所示。

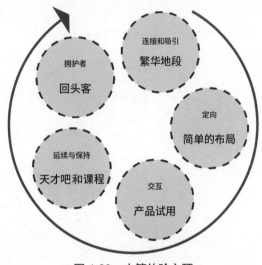

图 4-23　中等体验之环

定向——简单的布局：商店用开放式的方式陈列了不同类型的产品，顾客可以很简单地找到他们的目标产品。当用户一进门的瞬间，身着制服的店员也会在他们触手可及的地方，随时准备答疑、介绍产品。通过简单的布局，用户对 Apple 公司的在售产品有了一个非常直观的了解，能够消除他们对型号选择的恐惧。

交互——产品试用：顾客可以选择所有陈列出来的产品进行体验试用，甚至有一块特别提供给儿童试用、联网试用的区域。Apple 体验店的试用产品会提供所有必要的软件，甚至还有热门的游戏让用户进行体验。在试用后，若用户想要购买该产品，在原地直接通过店员的帮助即可购买，不需要依靠传统的结账柜台，大大优化了用户的购买流程。

延续与保持——天才吧和课程：天才吧是单独的一块维修区域，用户可以通过网站、电话、邮件进行咨询与预约，也可以直接到店面咨询。天才吧提供了所有软硬件维修售后服务，保障解决 Apple 产品消费者在购买后的所有使用问题。Apple 体验店的另一块区域则是课程区，课程区按照小剧场的形式布置，每周固定时间开展不同的课程，如 iMac 的操作技巧、iPad 的素描方法等。课程一是可以帮助新手用户快速了解 Apple 产品；二是对于其他顾客来说现场课程是一个品牌形象打造的好方法。

拥护者——回头客：Apple 体验店常常人满为患，他们中有很大一部分是 Apple 产品的回头客。Apple 产品通过不断推陈出新，吸引回头客经常回到 Apple 体验店进行产品体验。同时，回头客也非常喜欢体验那些他们没有买的其他型号的产品，以跟自己手中的 Apple 产品进行对比。

3. 局部——店中购物流程

连接和吸引 —— 参考展览馆的布置方法：Apple 商店的产品陈列参考了展览馆的布置方法，将产品的所有型号、颜色摆放在桌面上进行展示。由于 iMac、MacBook、iPhone、iPods 的形态差异较大，得益于这种产品展览方式，即使在店面人满为患时，顾客也可以很快地找到他们想要找的产品，如图 4-24 所示。

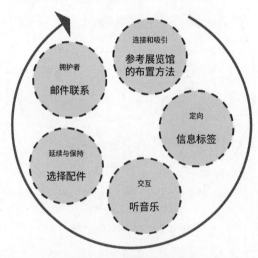

图 4-24　局部体验之环

定向 —— 信息标签：在每个产品的旁边都附有信息标签。信息标签展示了产品的名称、型号、规格、价格等，基本上用户当下需要知道的基本信息都在标签上进行了展示。同时，一般在体验的机器中也会对细节的内容进行介绍，如特色功能、待机时长等。信息标签可以帮助用户初步了解产品、确认产品，这样可以有效地降低人工介绍的成本，也能让用户更自由地进行体验。

交互 —— 听音乐：顾客可以对产品进行深度体验，甚至可以长时间进行操作。Apple 体验店为每个陈列出来的产品都配上了需要的软件与功能。例如 iPod、Airpods 的体验，Apple 体验店提供了耳机及音频，顾客可以直接在店面进行试听。iPad 也配备有绘图软件、游戏、电影等内容，让用户可以体验到所有将来可能会用到的功能。Apple 体验店打破了以往顾客只能查看规格清单以购买的规则，让用户可以深度体验某个产品后再下单。

延续与保持 —— 选择配件：购买产品后，Apple 体验店也提供了一系列配件供用户选择，如充电器、保护套、笔、耳机等。由于购买产品的顾客往往都乐于追求一整套的产品，而且 Apple 公司提供的配件质量几乎都优于市面水平，顾客一般多会选择一起购买。购买这些配件后，顾客会逐渐被 Apple 产品"包围"，在未来更容易成为回头客。

拥护者 —— 邮件联系：在购买流程的末尾，店员会提供"通过电子邮箱发送收据"的选项。一是可以节省纸张资源，降低成本的同时为环境保护作出贡献；二是通过这次电子邮件发送，Apple 公司可以持续不断地发送一些用户感兴趣的电子邮件内容，不断吸引用户。邮件的内容有可能是产品上新、企业故事、软件更新等，可以让用户了解品牌，培养品牌忠诚度，也可以吸引用户成为回头客再次购买。

4.6.3 经典案例2：Starbucks（星巴克）

成立于 1971 年，总部位于美国的 Starbucks，旨在成为一家独具特色的咖啡公司，如图 4-25 所示。它在传承咖啡文化的同时，Starbucks 致力于为顾客提供独特的体验。在当时，咖啡的认知度较低，人们普遍认为喝咖啡门槛较高。然而，Starbucks 通过营造宜人的环境、简化点餐过程及推广易于理解的咖啡文化等策略进行了体验设计，使任何阶层的顾客都能轻松走进星巴克，品尝到他们心仪的咖啡，享受轻松的时光。

图 4-25　Starbucks（星巴克）

在环境与服务上，星巴克打破了人们对咖啡店的传统印象，让咖啡厅从一个高档活动场所变成了全民都可参与的休闲体验。在饮品上，星巴克通过不断推陈出新，用限定饮品这一概念不断吸引新顾客和回头客。在其他产品上，星巴克通过节日纪念杯子、各种可爱的 IP，打造了品牌形象，让用户争先恐后地购买，如图 4-26 所示。

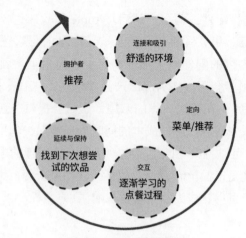

图 4-26　星巴克体验之环

连接和吸引 —— 舒适的环境：星巴克通过打造舒适宜人的环境，吸引用户前去休息、社交、学习。星巴克以装修风格、音乐选择、选址、气味等方式，在闹市区中打造了一家休闲放松的咖啡店。人们来到星巴克不只是为了购买、品尝咖啡，更多的是为了这样的环境而付费。

定向 —— 菜单/推荐：星巴克会将菜单安排在非常显眼、顾客抬头就能看见的位置，同时也有纸质的菜单可供顾客带回家。星巴克会根据节日、季节、活动推出限定饮品，并设计海报放在最显眼的位置上。顾客一进入星巴克店面即可看到所有饮品选项，能够快速了解选择的范围。并且，星巴克还提供纪念杯子、咖啡豆等商品，也会摆放在店面非常显眼的地方让顾客知道。

交互 —— 逐渐学习的点餐过程：对于第一次接触星巴克的顾客来说，点餐可能会是一个较有挑战性的过程。数量庞大的饮品类别、咖啡的专业名词等都容易让人退却。星巴克点餐采用柜台的方式而不是服务员到桌子前服务，因此顾客在排队点单的过程中会被动地听到其他人与店员的点餐对话，从而被动地了解到不同饮品。店员也经过专业培训，在点餐的过程中会不断重复顾客的诉求、询问细节，让其他顾客通过这些声音逐渐学习如何进行点餐。

延续与保持 —— 找到下次想尝试的饮品：在点餐完成的过程中，面对种类众多的饮品，多数顾客内心或多或少会有遗憾。他们会暗自下定决心下次要尝试某一饮品，或是期待某次节日的限定饮料。而星巴克每过一段时间就会推陈出新，这也让很多顾客成为回头客，不断尝试新品、期待新品。

拥护者 —— 推荐：出于环境、饮品内容的缘由，顾客很愿意向他人推荐星巴克。当顾客体验过星巴克的服务、环境、饮品后，往往会在某个需要与朋友小聚的场景下想起星巴克，从而为星巴克带来新的顾客。与此同时，星巴克的节日纪念杯子总是设计得精巧好看，许多人用星巴克的杯子作为礼物赠送他人，这也成为了星巴克不断被推广开来的因素之一。

星巴克不仅通过环境、流程、服务、商品打造了流畅的就餐环节，还通过平衡挑战度和技能度的方法，让用户在整个流程中悄无声息地学习到了咖啡的点餐知识，从而更加信赖星巴克，更愿意在后续持续选择星巴克进行消费，如图4-27所示。

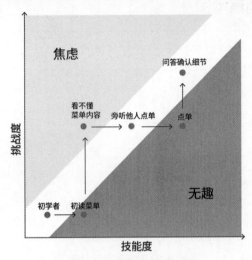

图4-27　挑战度和技能度平衡

当顾客初次踏入星巴克时，他们通常处于"初学者"的状态，常常会低估点餐的难度。然而，一旦他们开始阅读菜单并尝试理解其中的描述，他们可能会发现自己对菜单内容的含义及点餐流程感到困惑，这可能导致焦虑和不安，担心在点餐时出现差错。不过，星巴克采用了一种自主点餐的设计方法，允许顾客自行前往柜台排队点餐。这个过程中，顾客会被动地倾听其他顾客点餐的过程，这有助于他们更好地理解点餐流程。通过多次旁听其他顾客与店员的互动，初学者逐渐对如何点餐建立了信心，勇于尝试自己点餐。

在点餐过程中，星巴克的店员经过专业培训，会仔细核对并确认顾客所点的饮品，包括奶量、糖量、容量等细节。店员通常通过问答方式向顾客确认饮品的具体细节，这一过程进一步帮助顾客更深入地了解他们所点的产品。

随着时间的推移，初学者逐渐通过店员、咖啡师及其他顾客学到了不同的点餐技巧和咖啡知识。通过多次旁听咖啡师与其他顾客之间的点餐对话，以及对咖啡饮品的基本了解，初学者对咖啡文化的理解逐渐加深。星巴克通过逐渐提高顾客点餐的技能挑战度，让顾客更全面地了解咖啡文化，从而增强了他们对星巴克的认同感，并激发了他们继续在星巴克消费的意愿。

4.7　课堂练习：体验产品

以智能音箱为例，两人一组进行体验并分析自己的理解。

1. 语音音箱分析模板

每个小组至少选择 3 个场景开展分析，如图 4-28 所示。

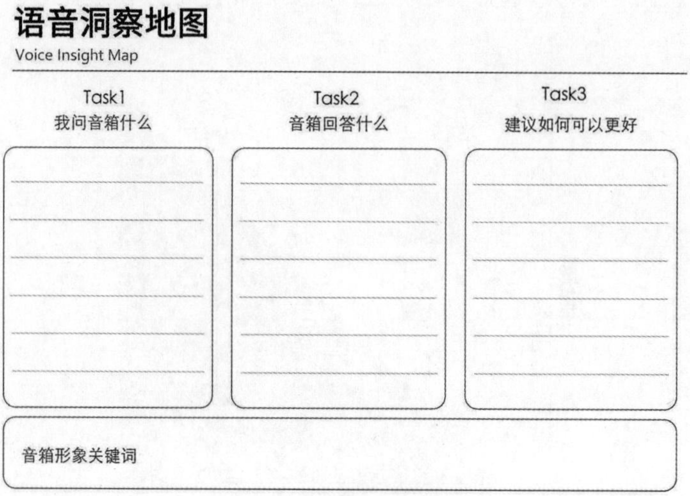

语音洞察地图
Voice Insight Map

Task1 我问音箱什么	Task2 音箱回答什么	Task3 建议如何可以更好

音箱形象关键词

图 4-28　语音洞察地图

2. 课堂练习范本

场景一：闹钟

使用者：小艺小艺，想 2 点 36 分钟闹钟！

人工智能：我在。请把时间具体说一下。

使用者：小艺小艺，下午 2 点 36 分钟闹钟！

人工智能：好的好的。5 分钟后再提醒。

（5 分钟后）

人工智能：起床时间已到。

*优点：需要明确上午还是下午，或者 24 小时制，效果很好，华为 AI 音箱闹钟音质不错。

*缺点：不支持自定义闹钟音乐，使用 App 可切换闹钟音乐。

场景二：翻译

使用者：小艺小艺，翻译成英语。

人工智能：好的。你说。

使用者：背包，电脑，手机，裙子。

人工智能：Bag, Laptop, Mobile Phone, Skirt.

使用者：小艺小艺，"我饿了"翻译成英语。

人工智能：I am hungry.

使用者：小艺小艺，翻译成韩语。

人工智能：我在。请在应用中调整。

＊优点：能翻译单词和句子。听到我们之间安静地谈论，把那篇文章翻译成了英语。具有掌握非常安静的声音的能力，很敏感。

＊缺点：基本设置的翻译功能是英语，询问其他语言时不能翻译，要求在应用软件中进行调整。遗憾的是，这一部分没有翻译多种语言的综合功能。

场景三：接龙

使用者：小艺小艺，打开词语接龙！

人工智能：好的。你先提或者我先提？

使用者：我先提吧。"红男绿女"。

人工智能：我知道很多"女"字开始的成语。"女娲补天"。

＊优点：游戏时互相开玩笑进行得很有趣。它引以为豪，知道很多成语，应该适合于教育。

＊缺点：成语选词很难，花了很长一段时间才能继续下一步。

3. 整体评价

对父母这一辈习惯微信用语音的人来说，华为这款 AI 音箱也可以通过声控操作来提升一些生活体验，可以查天气、听音乐等。华为 AI 音箱的价位在 400 元以内，算得上是一款好产品，作为联网的 AI 设备可以通过声控来丰富音箱的技能和联网加载精彩的内容（在线资源比较丰富，有声读物、儿童故事等）。华为 AI 音箱此次教育新功能上线，不仅让音箱的内容更加多元，还解决了年轻爸妈的育儿痛点，不论是诗词歌赋，还是英语阅读，一台音箱通通搞定。

它说话时发出的灯光只显示在上端的圆形 X 轴上，用户坐下或它反应到为止，空空如也，感到无聊。成语选词较为生僻，即使是在中国受过教育的人也很难享受这场游戏。而且，我也花了很长一段时间才能继续下一步。它话太多，每次都在叫名字的过程中花费很多时间，让人很厌烦。

4.8 作业/反思

4.8.1 课堂练习完善

1. 完成与智能音箱沟通的 3 个典型任务，记录操作和对话的过程，分析哪些是好的体验和哪些是不好的体验。

2. 结合交互的过程，绘制该 AI 音箱的可视化代表形象，并描述其人格特质。

4.8.2 产品搜集分析

1. 每个小组根据主题搜集 20 个前沿产品,并对产品进行综合分析。
2. 根据其产品分析,标出体验的关键影响要素,并尝试使用体验的评价模型分析其体验,汇总在 PPT 中。

第5章

交互设计——交互设计的基本流程、方法与实践开展

开展交互设计工作时,几乎每一个交互设计师都会遇到以下几个问题:用户的主要诉求是什么?目前的产品有什么优势和劣势?是什么原因造成了产品易用性较差?在这么多优化的方向中我应该选择哪一个?我的想法真的可行吗?……

这些庞大的"问题库"有一些常用的解决手段吗?是否有一些设计流程能够帮助设计师一路披荆斩棘解决大部分的设计问题?答案是有的。

在几十年的交互设计历程发展中,人们早已发现这些不得不面对的问题,因此设计学研究者、设计机构、行业专家逐渐构建了各种不同的设计流程和设计工具。它们有些非常相似,在主旨思想上出于同源;有些差别较大,针对不同的设计对象、设计情境有不同的适用性。

本章将从设计流程与设计工具出发,介绍不同的设计流程思维方法与相应工具,并结合一些著名的设计机构、设计公司,以公司机构为单位来解释不同设计流程的来源与适用性。最后,还将介绍开展具体设计实践时需要了解的设计模式、设计语言和设计规范,帮助读者快速开展设计工作。

5.1 设计流程

当交互设计从一个问题萌芽,最终发展成一个学科、一个职业、一个行业时,相应的流程便会随之诞生。设计流程在不同的产业、企业文化、时代背景下都会有区别。例如互联网应用、智能硬件、游戏等,因为设计对象的不同,设计流程也会有一定的区别。例如大型企业对比创业公司,由于产品的体量、用户量、安全要求和使用场景有较大的差

别，设计流程差别也会比较大。又例如过去人们更强调以物为主进行设计，逐渐变成以人为本，再到如今许多设计行业研究者开始着重于以未来为主，这种时代背景引起的理论差异，也会导致设计流程有所变化。

作为"交互设计创新方法与实践"课程，我们会尽量排除这些影响因素，尽量不把问题复杂化，重点介绍几种最基本、最常见、最通用的设计流程与设计工具，帮助学生快速掌握相关知识。

5.1.1 双钻模型

双钻模型是英国设计协会于 2004 年提出的设计流程，它是对设计过程的清晰、全面和直观的总结与描述。

双钻模型分为两个阶段，在这两个阶段中将经历两次思维发散与两次思维归纳的过程。第一个阶段为：做正确的事（Designing the right thing），即找到问题所在并定义出要通过做什么事来解决这个问题。第二个阶段为：用正确的方法做事（Designing Things Right），即通过不同的可能性，评估出一种最佳的解决方案来完成第一个阶段定义的事情，如图 5-1 所示。

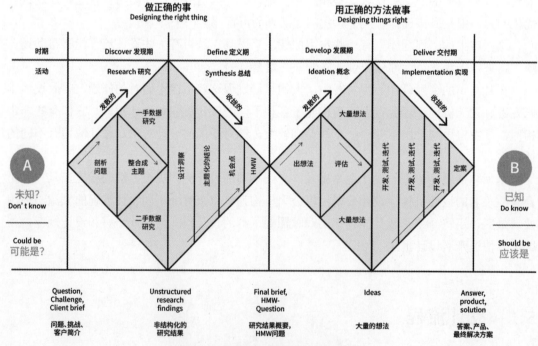

图 5-1　英国设计协会双钻设计模式

双钻模型按照具体的步骤又可细分成 4 个，即发现（Discover）、定义（Define）、发展（Develop）、交付（Deliver）。

第一步：发现期 —— 对现状进行研究

发现期是双钻设计流程模型中的第一步，是思维发散的阶段。在这一阶段，用户需要分析他们所遇到的问题，结合设计目的进行研究，尽可能地找到充足的依据支撑。在这一阶段，设计师可以从以下几个问题进行发散思考：我们面对的问题是什么？为什么要解决这个问题？这个问题现在有什么解决方案吗？已有的技术是什么？用户对这个问题都有什么想法？……在发现期阶段，要求设计师对一切事物都充满好奇与质疑，能够通过大量的提问，配合充足的调研，找到设计突破口。在这一阶段，常用的方法有问卷调查、竞品分析、用户访谈、行业分析、数据埋点、桌面调研、田野调研等，通过这些方法来帮助设计师找到各种不同的问题现状与挑战，进一步拆解需求与进行设计分析。

第二步：定义期 —— 确定核心问题

在这一步，需要对第一步提出的各种问题进行总结，找到最有价值的核心问题，并结合商业、技术进行考虑，将问题转化为机会点，定义出设计目标。这一阶段需要找到用户最关注、最需要解决的核心痛点，通过对发现期找到的各种资料进行解析，可以是量化的分析或者深度的调研，总结出最能影响产品与服务的问题。同时，还需要考虑产品与服务的商业背景、产品调性等，将问题结合不同的因素去推出几个可以用于优化产品与服务的机会点。这一阶段的目标是定义到具体的用户、问题和解决方案，并可以用 HMW（How Might We）句式简单进行描述，即"我们可以通过什么样的方法，为哪一些人群，解决什么类型的问题。"

第三步：发展期 —— 寻找解决方案

到这一步就可以设计创意思考，也可称之为设计预研。这一阶段鼓励设计师进行各种各样的创意思考，提出多种想法，且不要对想法进行否定。这一阶段不需要考虑太多的技术和商业可行性，要充分发挥想象。同时，也不需要每一个想法都完全切题，只要是与问题相关的灵感都可以提出。在讨论过程中，有些想法会不可避免地进行简单的评估、筛选，在这样的优化过程中也会迸发出更多的新想法。该阶段常用头脑风暴、思维导图、SWOT 模型、PEST 模型等设计工具进行辅助，也常邀请非设计领域的其他领域专家进行参与式设计，以寻求更多灵感。

第四步：交付期 —— 分析并验证解决方案

交付期是最后一个步骤，在这一阶段将把前期的各种概念及想法进行多轮开发、测试、迭代，并进行用户测试、设计评审，以得到最后的设计实现方案。这一阶段中，首先会把第三步中一些天马行空的概念进行拆解，转化成当下可行的方案。也会淘汰掉很多想法，将可行的一部分通过设计原型的方法进行原型设计、用户测试和设计评审。在多轮敏捷开发与迭代后，得到较为成熟完成的设计方案，进行最后的开发实现。至此，我们所提出的问题最终变成了一个答案、一个具体的产品、一个解决方案，能够有效地解决一开始提出的问题。

值得一提的是，双钻模型并不总是需要严格按照这 4 个步骤进行设计流程的推进。根据实际的项目情况，用户可以在中间的几个阶段进行回溯、反推。例如在定义期定义核心问题时，如果发现对某一个问题的理解还不够透彻、做的调研还不够多，可以返回发现期继续进行发现的工作。又例如在发展期时，如果发现头脑风暴难以推进，无法形成新颖有趣的想法，可以考虑核心问题是否有偏差，也许能够有更好的切入点，因此返回定义期去重新分析问题所在。

5.1.2 设计思维

IDEO 全球总裁兼首席执行官蒂姆·布朗（Tim Brown）对于设计思维（Design Thinking）的定义（图 5-2）是："这是一门运用设计师的敏锐感觉和方法，通过把技术可实施性和商业战略可行性转化为客户价值和市场机会，用以满足客户需求的学科。"

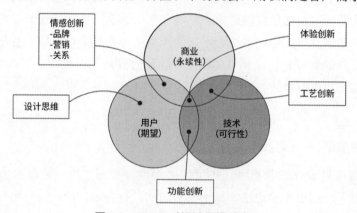

图 5-2 IDEO 对设计思维的定义

对于 IDEO 来说，设计是一种能够通过创造、优化产品与服务，以帮助客户实现商业成功的方法。在设计思维中，需要考虑 3 个方面：商业永续性、技术可行性、用户的期望，这 3 个角度缺一不可。若只考虑了商业与技术，那么只能产生出一些制造商的创新；若只考虑技术与用户，那么只能产生功能上的创新；若只考虑了商业与用户，那么只能产生品牌感知的创新。唯有将 3 个方向同时进行考虑，才能对"体验"这一最高精神层次的需求进行创新满足。

在进行设计时，Tim Brown 认为一名设计思维者（Designer Thinker）的个人特质应该包括以下 5 个方面。

（1）同理心（Empathy）：同理心的建立能够帮助设计师进行换位思考，在进行设计流程时能够站在用户的角度发现更多问题。

（2）综合思考（Integrative Thinking）：既然设计思维需要同时考虑到商业、技术和用户,那么综合思考能力就变得尤其重要。设计师需要能够同时从不同角度考虑问题,同时兼顾产品与服务的方方面面,不能顾此失彼。

(3)乐观精神(Optimism):设计是一个从零产生创意的过程,必定会遇到种种困难。最常见的莫过于某一新颖的设计概念难以被人理解,需要时间来证明。因此设计师要有一定的乐观精神,能够坚定、积极、乐观地看待自己推出的设计方案。

(4)实验主义(Experimentalism):设计方案往往都是此前没见过的概念、产品和服务,仅靠理论依据很难认定它是否真的可行。因此设计师需要有实验主义精神,对每一个可能的想法都通过简易原型进行实验,确保其有效。

(5)合作精神(Collaboration):在进行设计时,我们往往会跟来自不同领域的专家进行合作,从专家的经验中吸收各种设计素材,共同创想设计方案。因此在设计过程中,设计师需要有合作精神,对不同领域的意见秉持一致的接纳态度,作为一个桥梁推动设计流程。

接下来,将介绍斯坦福大学设计学院(d.school)的设计思维流程方法。斯坦福设计学院是一个面向全校各个年级不同专业学生开展设计课程的项目,他们将这些非设计专业的学生聚集起来开展设计课程,共同创造出能改变社会的创新产品与服务。

因此,斯坦福大学设计学院(d.school)的设计思维流程是一套非常适用于设计初学者尝试的思维流程训练方法。区别于 IDEO 面向外部公司客户进行设计,d.school 由于是校园项目,更鼓励学生激发创意,尽情畅享令人眼前一亮的设计方案。

d.school 将设计思维流程分为 5 个步骤,分别是移情(Empathize)、定义(Define)、创想(Ideate)、原型(Prototype)和测试(Test),如图 5-3 所示。

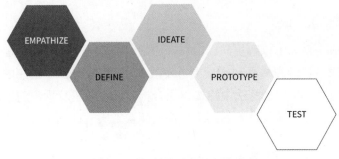

图 5-3　设计思维流程的五个步骤

第一步:移情(Empathize)

移情是"以用户为中心"的基础,一般来说,我们所解决的问题都是为了特定用户解决的,很少是为了自己解决。因此需要能够与我们的目标用户共情,找到他们的体验问题。通常会用以下 3 种方式进行移情。

(1)观察:通过观察目标用户及他们的行为,结合各种相关的资料搜集,以分析为主与用户共情。此时,需要观察用户如何与环境交互,敏锐地捕捉可以反映他们完成某一任务的经历，找到对后续设计有帮助的行为和其他解释。通过观察用户，可以让设计师了解他们的想法和感受。

（2）参与：通过采访、问卷调查等方式与目标用户一起针对某一些问题进行探讨，以共同参与的方式了解用户、进行移情。这种方式有助于我们更深层次地了解用户，倾听用户的想法。

（3）沉浸：完全模拟用户在某一情景下的某一任务流程，沉浸到场景中与用户产生一致的感受。这一环节需要设计师寻找（或在必要时创建）一种让自己沉浸在特定环境中的方法，以直接了解我们的设计对象。

最佳的设计解决方案往往来自对人类行为的最佳洞察。设计师要能发现驱动用户行为的情绪，洞察用户需求（很多时候这些需求用户自己可能也不知道）。同时设计师需要确定适合的用户进行移情，利用洞察力设计创新的解决方案。

第二步：定义（Define）

定义是指将第一步通过移情发现的各种问题，分解为需求和见解，并确定有意义的挑战。在这一阶段，设计师会根据对用户及其环境的理解，提出一些总结性的观点。这些观点不仅是简单地定义问题，而是给予目标用户来构建的设计愿景。能够洞察用户，并找到有意义、有价值的挑战点，是找到成功解决方案的基础。

在"定义"这一步中，设计师需要能够明确表达所需解决的问题。这些问题必须有理有据，必须根据通过移情工作获得的新见解重新构建这些问题。在表达问题时，可以借用故事板、HMW等工具，对地点、人物、事件和方法进行详尽明确的叙述。

第三步：创想（Ideate）

创想是指生成一系列可以解决问题的设计方案，这些方案想法可能激进也可能保守。在这一阶段，要求设计师在概念和结果上"发散"而非"收缩"。创想的目标是探索多样化且广泛的解决方案，从大量想法中筛选出适合构建原型并进行用户测试的方案。

创想的目的是从发现问题过渡到为用户探索解决方案，在创想过程中一般会进行以下操作。

（1）利用团队的集体观点和优势。
（2）找到激动人心的创新解决方案并推动。
（3）从意想不到的领域中进行探索。
（4）创造数量和种类都很丰富的创意方案。

在创想时，设计团队需要在"专注"和"畅想"中来回切换思考。大量创意的产生需要我们的思维"放宽"，而创意的快速评估、淘汰是"缩小"，需要我们进行专注。但也要注意，不能在想法刚产生的期间进行评估与淘汰，避免把创意阶段引向消极。

第四步：原型（Prototype）

原型制作阶段是将创意想法从一个单纯的想法释放出来并进入现实世界。原型可以是任何具有物理形式的东西，如便利贴、角色扮演活动、积木、纸板模型等。在早期阶段，建议使用成本低或分辨率低的方式制作原型，以便快速学习和探索。

当人们（设计团队、用户和其他人）可以体验原型并与之互动时，这个原型就是成功的。原型可以成为跟产品与服务开始对话的好方法，设计师从与原型的交互中体验到的感受会激发更深的移情，并塑造成功的解决方案。原型在设计思维流程中的主要作用如下。

（1）获得同理心：对原型进行体验可以帮助我们加深对用户、产品和空间关系的理解。

（2）开发：原型可以用于快速开发多个概念以并行测试。

（3）测试：创建简单的原型以用于用户测试和改进解决方案，进行低成本且快速的迭代。

（4）灵感：通过原型的展示，可以用低成本的方式将设计的愿景展示给别人，用以激发灵感。

第五步：测试（Test）

测试是在最后收集反馈、改进解决方案并继续了解用户的一个阶段。测试模式是一种迭代模式，一般用原型进行测试，以求低成本的迭代。在测试时，可以将原型放置在用户的真实生活环境中，让用户尝试使用，并通过问卷、访谈、观察等方式观察用户使用的体验。在测试时要记住，要"全部相信且全部怀疑"。"相信"即是相信自己的原型是对的，勇于放在生活中进行测试；"怀疑"即是抱着一种"这个产品一定有某些错误部分"的态度进行细致的测试与观察。在进行测试时，需要进行以下操作。

（1）详细了解用户：测试是另一个通过观察和参与来建立移情的机会——测试的过程中通常会有意想不到的发现。

（2）完善您的原型和解决方案：测试的结果将会赋能给原型的下一次迭代，这意味着在测试的过程中要随时回溯设计方案，重新完善。

（3）测试并完善观点：测试的过程中可能会发现，我们不仅用错误的方式提问，甚至还错误地构建了问题。此时需要回溯到更早一步，重新完善观点，定义新的问题。

与 IDEO 的设计流程一样，d.school 的设计思维也是一个非线性的过程。诚然，最理想的状态是通过一次流程完美地解决问题，然而实际上还需要我们在其中不断地回溯迭代。例如进行测试时，可能会发现我们的解决方案是错的，那就需要回到创想阶段；也有可能发现我们寻找的问题是不存在的，那就要回到定义阶段。这 5 个环节环环相扣，不断循环，最终才能导致优质产品的诞生，如图 5-4 所示。

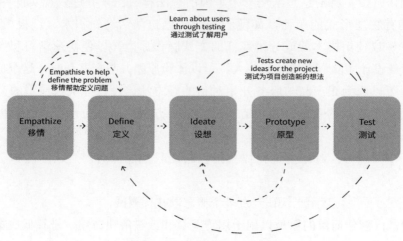

图 5-4　设计思维的 5 个步骤

5.2　与交互设计相关的著名设计公司

在本节，将会介绍几个国内外著名的设计公司。虽然设计流程与设计思维有比较通用的模式，也都有一定的相似性，但不同的设计公司基于设计理念、商业策略、行业领域等不同，均有自己的一套成熟的设计体系。这些公司侧重在交互设计的不同方向上，为交互设计从业者积累了大量经验。例如，McKinsey、Bain、BCG 这些公司主要从企业内容视角出发，做战略管理咨询；IDEO、Frog 等公司则更侧重于创新和设计的咨询。

下面将通过对这些著名设计公司的基本介绍与分析，以公司为视角来对当前设计行业的基本设计流程、理念和方法进行介绍梳理。

1. IDEO

在前文已经多次提到过美国 IDEO 设计咨询公司，如图 5-5 所示。IDEO 于 1991 年创立，起源于 1980 年为苹果公司的 Lisa 计算机设计的鼠标。这个鼠标摒弃了过去复杂笨重的机械装置鼠标设计，用更轻便的部件代替，让鼠标更易被大众所接受。从这个设计出发，一群满怀设计理想的年轻人从团队慢慢发展成一家成熟的设计公司。

图 5-5　IDEO 公司 Logo

在本书第 1 章中也曾提到，IDEO 的创始人之一 Bill Moggridge 设计了世界上第一个笔记本形态的计算机，重新定义了用户与计算机、软件之间的关系。这种"通过创造，优化人与产品、人与服务关系"的方法就是后来广为人知的"交互设计",可见 IDEO 在设计行业的元老地位。

IDEO 强调以人为本的设计方法,观察用户、了解用户、为用户做设计是他们一直以来的核心目标。他们将这种设计方法广泛运用于各种行业的复杂设计挑战,如医疗、政府、教育、金融等,在许多的合作中积累了大量经验。

值得一提的是,IDEO 强调设计思维需要把人的需求与技术可行性和商业永续性相结合,通过设计创新工具来解决各种挑战。尤其是面对当前急剧变化的地球环境与社会,设计思维的强大作用比过去更加突出。因为设计思维可以解决许多棘手的问题,能够始终把人放在核心位置进行设计创造,如图 5-6 所示。

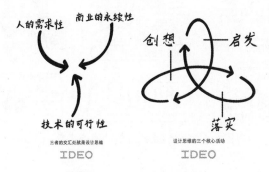

图 5-6　IDEO 的设计思维

2. Frog Design

Frog Design 起源于 1969 年德国的 Esslinger Design。当时该公司为德国电子品牌 WEGA 和索尼设计产品,共设计生产了 100 多种产品,包括第一台电视机、索尼随身听。后来,Esslinger 公司与苹果公司的创始者 Steve Jobs 达成了交易,搬到了加利福尼亚并改名为 Frog Design,如图 5-7 所示。Frog Design 在 1984 年为苹果设计了一套商业语言,取得了商业成功,被时代杂志评为"年度设计"。

图 5-7　Frog Design 公司 Logo

Frog Design 最初专注于视觉传达方面的设计,以包装、品牌、设计语言为主。2005 年以后,他们开始进行大量的用户体验设计,创造新的软件应用程序、移动产品和互联体验,塑造了无处不在的计算时代。

随着 Frog Design 公司设计重心的转移,以及社会与环境的发展变化,他们产生了许多的"青蛙宣言"。每一个"青蛙宣言"都代表了 Frog Design 面对设计项目时的核心价值观。图 5-8 代表了 Frog Design 在 20 年前推出的一系列"青蛙宣言",每一条均有独特的重点,例如"文化改变""拯救环境""品质""科技结合"等。他们更强调面对不同的设计项目运用不同的价值观作为核心思考。

图 5-8 Frog Design 的"青蛙宣言"

Frog Design 提出了 Discover、Design、Deliver 的项目三步骤流程,如图 5-9 所示。

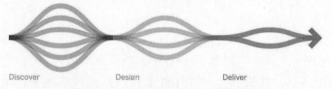

图 5-9 Frog Design 设计三步骤流程

(1) Discover:将各种分析成果转化为洞察点。通过大量的调研和用户分析,Frog Design 对用户进行深度的观察,对场景进行沉浸的体验和广泛的分析。将这些分析资料进行解析,得出大量的需求点、机会点,以用于设计。

(2) Design:将洞察点转化为设计想法。运用设计思维,展开头脑风暴活动,尽可能地创想出大量可能的设计机会。并对这些设计创想进行初步的评估与筛选,以及简易的原型测试,从而得到可行的设计方案。

(3) Deliver:将设计想法转化为现实。将设计想法进行落地开发,并通过可用性测试等用户体验测试方法对方案进行优化,最终推向市场。

3. Designit

Designit 成立于 1991 年,总部位于丹麦首都哥本哈根。Designit 将他们的业务模块分成了"品牌市场""创新产品""用户体验"3 个方向。虽然他们的项目以产品设计为主,但除此之外,他们还进行服务流程设计、体验设计、品牌战略规划等业务,如图 5-10 所示。

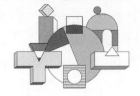

图 5-10　Designit 公司 Logo

Designit 曾经与 GN ReSound 合作,为 Apple Watch 设计了听力辅助界面,为世界著名的化妆品欧莱雅设计了实体店服务流程,为英国第一大通信公司 Vodafone 设计了 App 软件逻辑与流程。他们拥有超过 200 个设计奖项和 330 多个专利。

Designit 强调集体创造的力量,擅长将不同行业、不同背景、不同文化、不同技能的人集中起来开展设计工作。他们认为这种多样性可以帮助他们扩展视野,更好地应对设计挑战。因此,Designit 在如何促进项目的积极展开方面拥有较多经验,能够促进多元化设计团队有效、公平、包容、积极地开展设计流程。

4. 唐硕

唐硕于 2007 年在上海建立,其团队由来自不同学科的设计师组成,除了心理学、人机交互、服务设计、商业战略这些设计行业常见的学科,也有勘探、法律、艺术品鉴赏等少见迥异的专业学科,如图 5-11 和图 5-12 所示。

图 5-11　唐硕公司 Logo　　　　　　图 5-12　唐硕主页

唐硕目前主要的业务分为数字化转型、服务创新、品牌升级、新空间体验和体验管理 5 个部分,涉及地产、金融、消费、创新孵化等领域。

唐硕面对不同的客户和项目时,基本都是从以下 3 个角度来进行问题的拆解。

(1)研究人。

(2)帮助我们的商业伙伴理解人。

(3)让前两者更好地认识和相处。

他们强调"体验思维",区别于"设计思维",体验思维更注重用户的体验,从体验出发,创造出让品牌打动人心的效果。唐硕认为,要想帮助他们的客户进行商业创新,需要从人、价值、可持续 3 个角度出发来进行认知迭代。

人是指从消费者到共建者的一系列相关人，每一个环节的人都要被充分观察到，优化每一个不同利益相关人的体验都有其价值。

价值是指一切有形无形之物的价值，有形之物如产品、交易等，无形之物如品牌、服务等，从这些物中转化出价值。

可持续是指创造出一套供需关系平衡、各个环节可共生的体系。这个体系可以将前两点的人与价值结合起来，以循环的方式互相成就，互相增强。

5. Epam Continuum

Epam Continuum（安普体验咨询）是一家拥有30多年设计经验的全球创新设计咨询公司，如图5-13所示。他们的核心设计理念是"以人为本"，从目标用户中挖掘出深层需求、渴望和愿望，从中萃取出设计灵感。Epam Continuum的愿景是"改善人们的生活，提升商业的价值"。Epam Cintinuum的业务方向主要有以下几个。

EPAM CONTINUUM

图5-13　Epam Continuum 公司 Logo

（1）洞察市场机会：通过运用民族志等方法，对用户进行深度移情，并进行沉浸式研究、观察研究和市场调研。找到市场与用户的需求，创造新的机会。

（2）设计商业战略：利用全套设计思维工具箱，推导出企业创新策略方案。与企业的员工、领导一起进行参与式工作坊，共同制订策略。

（3）定位创新方向：结合企业内外部、商业、文化、科技等因素，找到能落地的创新解决方案。

（4）设计开发新品：对产品、包装、品牌、服务流程、数字界面进行创新设计迭代。

（5）推向消费市场：协助进行可用性测试与评估、市场分析、法律顾问、落地流程规划，帮助将创新产品与服务顺利推向市场。

（6）培养创新能力：协助企业进行团队培训，把成熟的设计思维、创新思维、协作流程赋能给企业，并为企业开发需要的创新工具和技能，帮助企业建立新的流程、训练团队和培养创新文化。

5.3　设计思维工具

设计思维工具是一种思维模式的归纳整合，通过指导一种实践路径，帮助团队迅速了解设计思维方法。这些工具被设计师、创意人士、企业家和其他创新者广泛使用，能够帮助各种领域的团队从非设计思维快速地转向设计思维，开展设计工作。帮助他们理解用户需求，探索潜在解决方案，并快速进行原型制作和测试创意。

设计思维工具的使用基于设计思维的原则和方法，能覆盖到设计流程的各个方面，从前期的调研观察、中期的思维拓展到后期的原型产出，这些工具从不同的方面引导设计流程的顺利开展。本节将介绍设计思维工具的选择与应用方法，并推荐常用的设计思维工具，作为读者在开展设计的过程中的参考。

5.3.1 为什么要使用设计思维工具

好的设计或许源自设计师的灵光一现，或许源于缜密的推导，但它都必须经过一个思考的过程。对于前者来说，或许是天才特有的一种思考模式和思维方式；对于后者来说，是设计师在千百次经验中总结归纳的推理路径。无论是哪一种，这些模式都能够被拆解、提取、归纳，变成大众也可学习的设计思维方法。

具体来说，设计思维工具能够在设计的各个流程上起到帮助作用。例如，设计思维工具能够帮助设计者更好地了解用户的需求、期望和行为。通过工具（如用户画像和顾客旅程地图），设计者可以获得关于用户群体的深入洞察。又或是在设计发散阶段时，通过设计思维工具（如头脑风暴和故事板），设计团队可以自由地提出各种想法和观点，并从不同的角度思考问题。

5.3.2 如何选用设计思维工具

选用设计思维工具时，可以考虑以下几个步骤。

（1）确定目标和挑战：首先，明确设计的目标与挑战。例如，是为了改善产品的用户体验，或是开创新的解决方案，或是增加商业价值等。明确目标和挑战有助于筛选合适的设计思维工具。

（2）了解设计工具：在选用设计思维工具之前，需要先大致了解不同的设计工具，了解它们的原理、适用场景、使用方法和案例。在本书后面的章节中也会介绍一些设计工具的基本资料供读者参考。

（3）匹配工具与需求：将目标和挑战与不同的设计思维工具进行匹配。根据具体情况和目标，选择那些能够更好地满足需求的工具，并考虑工具的适用性、可操作性和效果。

（4）灵活运用工具：设计思维工具并非孤立存在，它们可以相互结合和补充，根据具体情况，可以使用多个工具。例如，可以将用户画像与顾客旅程地图结合使用，以深入了解用户需求和体验。并且，设计思维工具并不是一成不变的，需要根据实际情况灵活调整，根据团队需要可以有不同的使用。

参考斯坦福大学的设计思维流程，可以粗略按照 5 个应用场景分类设计思维工具，如表 5-1 所示。但需要注意的是它们需要被灵活看待，并不固定在这一流程中。最重要的是，要根据具体情况和需求来选择和使用设计思维工具。不同的工具在不同的情况下发挥作用，灵活运用并结合多个工具有助于获得更好的设计结果。

表 5-1 按照 5 个应用场景分类设计思维工具

Empathy 移情	Define 定义	Ideate 创想	Prototype 原型	Test 测试
利益相关人	用户画像	头脑风暴	快速原型	概念评估
观察法	同理心地图	商业模式画布	明日头条	5s测试
用户访谈	用户旅程图	思维导图	故事板	眼动追踪
焦点小组	5W1H	精益画布	服务蓝图	A/B测试
问卷法	HWM	快速创意生成器	概念视频	可用性测试
卡片分类	价值主张画布	SWOT模型	幕后模拟	价值机会分析

5.3.3 常用设计思维工具简介

下面按照设计思维的 5 个阶段分别介绍常见的设计思维工具：移情、定义、创想、原型、测试。

（1）移情（Empathy）：移情是"以用户为中心"的基础，一般来说我们所解决的问题都是为了特定用户解决的，很少是为了自己解决。因此，需要能够与我们的目标用户共情，找到他们的体验问题，如表 5-2 所示。

表 5-2 目标用户移情

利益相关人：分析广泛应用于梳理和阐述与项目利益相关的人物或组织间的关系网络，有助于我们从某一目标用户出发，对其主要相关人、次要相关人、三级相关人逐级进行拆解分析，确定要调研的人群、组织及它们之间的关系	观察法：是指团队对目标用户进行有目的的观察，发现用户在特定情境下完成任务的方式。观察法可以帮助团队在短时间内获得大量与主题相关的信息，以供后续的用户需求挖掘
用户访谈：邀请目标对象以语言作为素材，转述其真实情况的方法。通过引发用户通过语言描述内容，如故事、意愿、需求等，以此展开研究，能够帮助团队挖掘更多的有效信息	焦点小组：针对某一议题，由专家、目标群体、设计师等角色一起组织一场小型会议，探讨该议题。这个方法能够一次搜集多方建议，并互相激发和补充
问卷法：以书面的形式提问，来获得目标群体的价值取向。它的优势是可以在短时间内进行大量受访者的研究，并可匿名调查，同时还不受空间的局限。但问卷缺乏具体、生动的了解，因此可以配合其他方法使用	卡片分类：预先设置一组包含词语或图片的卡片，让目标对象根据自身判断事物来分组这些卡片。卡片分类既可以用于做决策、梳理信息架构、流程、排序等，也可以挖掘用户对事物的价值观

（2）定义（Define）：是指将第一步通过移情发现的各种问题，分解为需求和见解，并确定有意义的挑战。在这一阶段，设计师会根据对用户及其环境的理解，提出一些总结性的观点，如表 5-3 所示。

第 5 章 交互设计——交互设计的基本流程、方法与实践开展

表 5-3 定义

用户画像：用于梳理并呈现设计项目中不同类型的用户特征。构建用户画像需要设计团队搜集信息以构建一个具有代表性的虚拟人物，可以帮助设计团队在进行设计时始终专注于明确的用户、明确的需求，以明确的用户体验作为设计目标	同理心地图：是理解目标用户在参与或者从事某项活动时所思所想的一种方式。能够更广泛地理解目标用户或者群体的需求和行为背后的原因。同理心地图需要在调查数据、分析用户后的基础上进行，更重视从用户的角度，诉说用户在生活中的感受和对外在影响的反应
用户旅程图：基于时间线对目标用户的连续行为进行梳理，通过可视化的方式研究目标用户完成某一任务的具体流程。用户旅程图将场景、行为、体验通过时间线串联起来，可以帮助设计团队理解用户在整体流程中的关键节点的具体体验，有效地帮助设计师共情用户、拆解用户需求	5W1H：由Who、What、Where、When、Why和How组成，通过回答这些问题，设计师可以明确设计问题并有条理地阐述
HWM：即How Might We？是一种通过简单的句式来对问题、方法进行定义的设计方法，能够帮助团队有效地指明设计方向。HWM在我们确定了设计对象、用户需求和问题后，用一种自问自答的方式初步定义研究内容，界定设计的范围，给后续的设计分析固定一个起始点	价值主张画布：是从用户需求向设计定位过渡的工具，帮助设计者在用户需求和产品应该提供的价值之间建立联系，能够帮助设计师在规划产品与服务时找到与用户需求相匹配的设计价值

（3）创想（Ideate）：是指生成一系列可以解决问题的设计方案，目标是探索多样化且广泛的解决途径，从众多想法中筛选出适合构建原型并进行初步用户测试的方案，如表 5-4 所示。

表 5-4 创想

头脑风暴：引导参与者展开想象，利用群体思维进行创新。它主要用于创想的初期阶段，当团队针对某一问题缺乏选项时，该工具可以利用集体思维来鼓励团队畅所欲言，激发出可能的方案	商业模式画布：用于描述企业如何创造价值、传递价值、获取价值的基本原理。它能够帮助设计师梳理设计项目的商业影响因素，找到市场切入点，发现核心竞争优势，定义盈利模式，最终形成目标战略和计划
思维导图：是以一个关键词为起点，发散性地组织词语的构造和分类工具。它可以让用户梳理思路、表达见解和启发创意。思维导图帮助我们在发散出更多创意的同时记录思维发展的过程，并展示关联性。还能用于表达观点，展示产品的框架	精益画布：改编自商业模式画布，适用于需要低成本、快速高效完成开发的产品或服务。它能够对设计的商业路径进行思考和规划
快速创意生成器：提供了9种针对思维的运算方式：倒置、整合、扩展、区别、加法、减法、挪用、移花接木、夸大。通过这9种方式帮助设计师加工已有的创意，产生新的可能性	SWOT模型：SWOT模型是一个设计战略工具，分别代表S-Strengths（优势）、W-Weaknesses（劣势）、O-Opportunities（机会）和T-Threats（威胁）。它能够将设计进行内外兼顾的分析，优势和劣势是对产品与服务内部因素的分析、机会与威胁，是针对外部因素的分析

（4）原型（Prototype）：原型制作阶段是将创意想法从一个单纯的想法释放出来并进入现实世界。原型可以成为跟产品与服务开始对话的好方法，设计师从与原型的交互中体验到的感受会激发更深的移情，并塑造成功的解决方案，如表 5-5 所示。

表 5-5　原型

快速原型：是一种呈现方式，是指通过视觉化的方式把设计概念展现出来。可以用图片、手绘、立体模型的介质，以低成本、高效率的方法进行。快速原型需要能够尽快表达设计意图、解释核心功能、展示产品形态等内容	明日头条：是模拟产品与服务发布后，记者发表在报纸上的报道文章，它能够帮助设计团队对设计发布后的影响展开分析。明日头条可以应用于绝大多数的设计项目，尤其是那些原型很难表述的设计项目，如社会服务设计、企业制度优化等。可以用明日头条描述愿景、展示影响，并用它搜集大部分公众的反馈意见
故事板：故事板是通过一系列相互关联的镜头画面来表现用户完成某一任务流程时的场景、行为和情绪。一般按照时间顺序来进行故事板的绘制，每一幕都代表任务流程中的主要关键事件，以情景化的图像绘制并用文字描述，力求直观表现产品和服务的特性、交互流程及使用场景	服务蓝图：将项目的服务流程汇集在一张图表上，横向排列与服务相关的重要交互节点，纵向排列在这些节点中各层级提供的不同服务内容。服务蓝图可以用于描绘服务流程里前、中、后台的全景图，一是可以帮助我们分析服务流程中的断点，探索各种解决方案在商业和运营商的可能性；二是可以用作脚本向利益相关人介绍、展示服务流程
概念视频：通过影像记录等方法，把产品的设计概念、场景等内容描述出来，向观众介绍设计。概念视频有助于呈现一些当前难以实现的场景与设计，越过技术与现实的困难，将设计方案清晰地表达出来	幕后模拟：又称绿野仙踪法，是指人工模拟产品，常用于模拟智能产品这类较难开发的设计原型。幕后模拟法将原型制作和角色扮演相结合，设计团队隐藏在产品背后模拟机器，来对用户做出反应。能够在短时间内测试不同的交互功能，或是对当前无法实现的某一技术进行模拟测试

（5）测试（Test）：是在最后收集反馈、改进解决方案并继续了解用户的一个阶段，如表 5-6 所示。

表 5-6　测试

概念评估：通过向用户展示故事板、草图、模型、视频等方式，邀请用户表达看法，以此来评估设计概念是否符合用户需求。这一方法可以反复确认产品方案并最终确定设计概念，避免开发资源的浪费	5s测试：测试用户接触设计项目的5s内所获得的信息和感受，能够帮助设计团队评估目标用户对设计的第一印象。通过评估用户在5秒内的感受，用于评估设计是否能有效地传达重点信息，获取关注度
眼动追踪：通过传感器和计算机技术来分析用户目光注视的位置、时长和顺序，能够帮助设计团队了解用户视觉移动的特征规律。眼动追踪是一种客观的测试方法，能够提供可靠的数据，常用于平面图或界面的设计	A/B测试：是指在同一个时间维度进行不同版本产品的比较，以选择出更优的方案。该方法需要制定目标与规范的流程，采用控制变量的思路进行测试，设计团队可以用该方法进行产品决策的验证和分析
可用性测试：是指邀请目标用户参与产品测试任务，通过实际场景的具体任务，测试产品的可用性，帮助设计团队评估产品在真实场景下的使用状况。可用性测试大量用于已经发布的产品中，能够为产品迭代提供有效的参考	价值机会分析：通过一系列价值标准来帮助设计师确定产品的品质。设计师可以通过对情感化、感官、环境、人机工程、质量、核心技术、影响等方面逐一评价，为产品分析价值定位，按照高、中、低为设计打分

　　本节介绍了设计思维工具的定义与使用，并推荐了在不同设计阶段中常用的设计思维工具。实际上，设计思维工具可以有多种演变形态，在使用上也有不同的组合方法。根据所面对的不同设计问题、不同的设计阶段、不同的设计团队组成，所选择的设计思维工具也需要变化。更多关于设计思维工具的介绍，读者可以在《设计思维工具手册》（付志勇

夏晴 编著）中进行更多的了解。

5.4 设计模式

当我们确定了设计目标、方案并开启设计实践后，为了保证设计的顺利开展，设计团队往往会按照"设计模式"开展设计工作。设计模式是记录常见设计问题解决方案的正式方法。这个方法最先由建筑师 Christopher Alexander 提出，用于城市规划和建筑体系结构，并已应用于其他各个学科，包括教学和教学法，开发组织和过程，以及软件体系结构和设计。Alexander 发现有经验的传统建筑师可以从已有的建筑中复制出优秀的设计部分，但是他们绝非复制具体的建筑元素，而是复制了现有建筑的"模式"（Pattern）——这便可以解释为什么传统建筑让人感觉具有很强的相似性，但是每一个个体之间又各不相同。

设计模式的研究便是通过分析提取这样的模式供设计师在设计和实践中使用，以便更简单快捷地完成品质优秀的设计。设计模式是一种通过描述特定上下文中常见可用性或可访问性问题的解决方案的方式。设计模式记录了各种交互模型，使用户更容易理解界面并完成任务。

Alexander 说："模式是在某一背景下某个问题的一种解决方案。"模式不是模板，而是描述动机的一种方式，既包括要解决的问题，也包括希望获取的效果。设计模式可以帮助建筑师借鉴前人的经验，以更加简便、快捷的方式创作出品质优秀的建筑。

5.4.1 设计模式的特点

在实际研究过程中，任何一个设计模式的确定与规范化都需要经过反复地推敲论证，并经过一系列标准的检验，而这套标准便是设计模式的核心特点——作为一个成熟的、有价值的设计模式，它应当具备以下几个特点。

（1）可实施性与准确性：在知道一个设计模式后，设计师能够很清楚地知道这个设计模式可以运用在什么场景、如何运用、如何开展设计工作，并且在设计时可以在设计中明确地判断该模式是否存在。

（2）积极性：设计模式应能够积极地解决某一问题，定义某些非常优秀的设计目标。而不是因为找不到最优解而不得不选择该设计模式。

（3）灵活性：设计模式应足够灵活，在实现某一个设计模式时可以有多个解决方案。一个设计模式最好可以应用在不同场景中，同样，同一场景也可以通过不同的设计模式来解决。

（4）可推敲性：设计模式的每个细节都足够清晰，在实践、研究中可以进行推敲与辩论。

（5）可测试性：首先，设计模式应该能够凭借设计师的经验来评估，具有该模式的设计相对于没有该模式的设计会令人感觉更好；其次，设计模式应能用于可用性测试中进行评估。

（6）从最终用户角度出发：设计模式应在某一场景下确实易懂、易用、美观，并非只是从设计师的角度看起来很好，而是能够解决所有目标用户的问题。

作为一个可复用的、有价值的设计模式，需要从最终用户角度出发，具备可实施性与准确性、积极性、灵活性、可推敲性、可测试性等特点。得到公认的设计模式也会成为设计师与其他人交流的一个语言和桥梁，提升思考问题的层次，确立通用的术语，使团队内容的沟通更为顺畅。特别是面对复杂系统的情况下，对不断重复出现的问题，使用既有的、高质量的解决方案，从而构筑一个复杂的层级系统。

5.4.2 软件界面交互设计模式

软件界面的交互设计模式由 Yahoo! 公司在 2006 年首次发布，形成了应用广泛的设计模式库（Design Pattern Library）。它主要针对互联网交互设计，值得注意的是，Yahoo! 的设计模式库在所有分类之前有一个概括性的描述："USER NEEDS TO（用户需要）"。图 5-14 所示为 Yahoo! 网站首页。

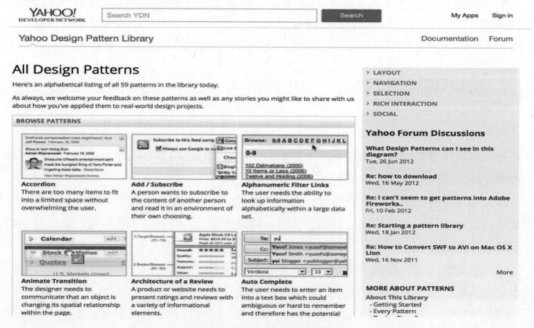

图 5-14　Yahoo! 网站首页

这种基于"用户需求"的设计模式研究与描述方式，是基于交互设计领域惯有的以"需求"为中心的设计方法，同时也明确指出了"满足更多的用户需求"及"更好地满足用户需求"是"品质优秀"的交互设计。图 5-15 所示为苹果公司软件交互设计模式,从中可以看到在不同的应用功能场景下有各种适用的设计模式。

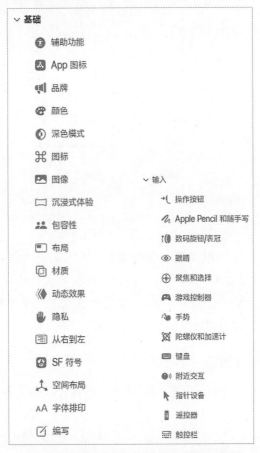

图 5-15 苹果公司软件界面交互设计模式

这些设计模式大多是基于计算机、手机、平板计算机为载体的交互设计模式。而随着传播载体的不断开发,手表、大屏、车载系统、语音音箱、手柄、手势输入等交互设备载体逐渐普及,也会不断有新的交互设计模式被总结出来。这样研究新的交互设计、不断积累设计经验、总结设计模式、不断更新的过程也是交互设计师需要掌握的技能。

在使用设计模式开展设计时,需要先对设计模式本身有所了解,才能在不同的应用场景下选择使用。下面以"Accordion"这一设计模式为例,讨论如何从几个方面开展设计模式的学习。

Accordion(或 Accordion 菜单)是指分组且可折叠的面板集,能在有限的空间内提供大量链接或其他可选择的内容供访问。Accordion 的每个内嵌式面板都有可能单独展开(这时往往其面板都会闭合),通常鼠标指针经过或是单击特定面板的标题(或是面板上的展开/折叠元素),就会展开一组子选项,如图 5-16 所示。

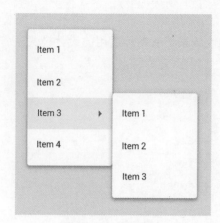

图 5-16　折叠面板

1. Accordion解决了什么问题

如果想在有限的屏幕空间里呈现大量内容，当内容被一次性全部展示时会导致用户无所适从。这时就需要考虑怎样才能以易于用户理解的方式，让用户同时访问大量内容，又不需要滚动页面，滚动页面会让用户离开他们更喜欢的上下文环境或页面位置，此时Accordion 设计模式就起到了作用。

2. 什么时候使用该设计模式

当内容的选项非常多，空间又有限，而且内容列表可以有逻辑地分组为规模更小且尺寸相当的块状内容时。

3. 设计模式的解决方案是什么

设计模式通常提供了两级选项集：第一级是分类或分组，第二级是各组内的选项列表。举例来说，Accordion 通常被设计为一些可折叠的面板（不是那种有层次的树结构），第一级分类通常被用作标签。分类标签通常用作全长度的控制柄，或同时提供了相应的扩展/折叠图标。Accordion 通常默认会显示一个初始面板。

4. 设计模式的使用建议

建议1：默认打开最重要的面板，这样既是为了显示最重要的选择，同时也透露出这样一个事实，即每个折叠着的列表都是可以打开的。

建议2：高亮显示当前打开的面板，这样用户可以把已打开面板的标题与关闭着的面板的标题区别开来。

建议3：不要在 Accordion 里再放置 Accordion，如果真的需要这样做，考虑用树结构，或者其他更适合多级结构的元素。

5. 设计模式的配置选择

Accordion 可以进行不一样的配置，例如要求至少打开一个面板，或者允许其他更灵活的模式，比如允许关闭所有面板、允许打开多个面板等。

在许多案例中，只有单击才能打开 Accordion 里的面板，但在有些上下文环境中，比如在展示"高兴""有趣""嘿，来看看"这样的元素时，鼠标指针经过时就展示面板也是可以的。

6. 为什么使用该设计模式

选择模式首先还是要依据信息结构、信息载体、使用场景来进行评估，使用 Accordion 元素可以在有限的空间里塞入大量内容，适合在网页的开始部分用作导航使用。

7. 设计模式的特殊用例

虽然设计模式已经具有基本固定的组织形式，但仍然会有一些特殊的用例，例如大多数 Accordion 是垂直排列的，但在少部分场景下也能见到水平排列的 Accordion。

8. 设计模式的可访问性

对于键盘用户来说，Accordion 最后要么像树状视图，要么像标签视图。Accordion 上有可能增加键盘导航，比如用 Tab 键控制标签切换，用上/下方向箭头键在不同的面板间切换。

如果 JavaScript 被网页禁用，那么 Accordion 应该退而求其次，进行一些有用的改变，比如同时展示所有面板。完全不显示任何面板并不可取，因为这样做有可能让屏幕阅读器找不到内容。因此，不妨考虑将高度设置为 0px。

当我们对某一设计模式的上述介绍都有全方面了解时，才能知道如何运用它。在开展设计工作时，若总结出了某一新的设计模式，也应该用上述问题来向自己提问，以确定该设计模式确实是一个好的解决方案。

5.4.3 混合现实交互设计模式

如今，交互设计师的设计工作从二维的平面软件交互设计拓展到了更加复杂的领域。交互方式也在不断拓展，如语音交互、手势交互、注视交互等多模态交互方法。面对的设计主体也从屏幕中的软件界面拓展到了三维空间，如虚拟现实（Virtual Reality，VR）、增强现实（Augmented Reality，AR）世界，又常统称为混合现实（Mixed Reality，MR）。

如今，许多知名的技术公司都在抢占这一市场，例如开发性能更好、性价比更高的混合现实设备，或者开发更加有娱乐价值、应用价值的混合现实应用。在推出设备与应用的同时，相应的交互设计模式也被这些团队总结出来，一是能够引领混合现实交互设计领域的发展,二是为内容创作者提供有效的设计模式参考。例如 Google 公司的 ARCore 增强现实用户体验准则,以及 Microsoft 公司的 Mixed Reality Design Guidance 等。

以 Microsoft 公司的 Mixed Reality Design Guidance 为例,它将 MR 设计要素分为结构元素、交互方式和交互元素 3 种。

1. 结构元素

结构元素是指构成 MR 世界的场景结构,由应用程序平台、坐标系统、空间映射与场景理解、空间锚点组成。

(1)应用程序平台:是指 MR 世界里提供应用程序的环境,如图 5-17 所示。在许多 MR 应用中都需要在虚拟世界中开启应用程序,因此需要定义 MR 世界的应用程序如何安装、更新、版本控制、删除,以及在 MR 体验中如何启动、休眠、保存、停止等状态。并且,这些应用程序平台也常常需要与整个 MR 世界开展集成交互,整个应用流程都是需要被设计师定义的。

图 5-17 MR 世界交互

(2)坐标系统:坐标系统是三维空间构建的核心,无论在真实空间还是虚拟空间中都存在坐标系统,它能有效地帮助我们定义空间中的元素如何摆放。坐标系统一般由 X 轴、Y 轴、Z 轴组成,在开展交互设计的过程中,可以使用坐标系统来定义操作的位置、方向、凝视射线、手的操作区域等。

(3)空间映射与场景理解:在开展 MR 应用时,MR 系统往往需要对真实空间进行环境扫描和环境感知,将物理世界的空间映射到虚拟世界,如图 5-18 所示。例如,MR 系统会分辨出环境中的沙发、茶几等家具,当用户移动虚拟空间中的交互元素时,便不会因为穿透家具等问题而导致体验不真实。从技术的角度来说,空间映射与场景理解是两种技术手段,一个从空间位置的分析出发,另一个则是当空间难以被分析时,从场景中的元素分析出发。但作为设计师而非开发者来说,我们关注的是如何将这一过程进行可视化呈现。在许多 MR 应用里,会发现都有协助软件进行空间感知的过程,让用户理解系统对环境的分析过程是至关重要的,一是用户需要理解在虚拟场景中什么元素、什么位置可以被操作;二是能够协助系统更好地理解环境,以加深 MR 体验。

图 5-18　虚拟场景

（4）空间锚点：所有在 MR 世界中的元素都将拥有自己的空间锚点,它是 MR 系统中跟随着你的一个重要元素,通常也以坐标系的形式记录数据。基于空间锚点和坐标系,元素可以被精确地固定在一个地方。尤其是多用户共同参与时,空间锚点能够保证该元素在不同用户的 MR 设备中呈现在同样的位置。

2. 交互方式

MR 交互常采用手势、注视进行交互操作,不同的设备有着不同的交互模式和交互规范,但仍然有很多已经成为公认的、约定俗成的手势交互方式。在进行 MR 交互设计时,首先需要了解开发平台的交互能力和交互方式,以匹配适合的设计。

以 Hololens 为例,该设备通过手势交互、语音控制、眼神凝视 3 种交互方式,能够排列组合出不同的玩法。以下案例是 Hololens 1.0 到最新版本的全局菜单唤起方式的三次迭代。在 1.0 中,Hololens 采用纯手势交互动作"bloom"作为快速开启菜单的手势交互方式。用户仅需将 5 根手指抓在一起,模拟花朵盛开的象征性动作,即可打开全局菜单,如图 5-19 所示。

在 Hololens 2.0 中,用手腕上的虚拟图标取代了"bloom"手势交互。用户举起手后,将在虚拟空间中看到手腕上的图标,点击后将打开全局菜单,如图 5-20 所示。

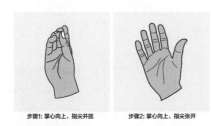

图 5-19　Hololens 1.0 手势交互

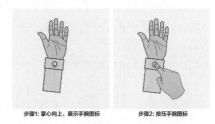

图 5-20　Hololens 2.0 手势交互

在最新的版本中,Hololens 又推出了新的打开全局菜单的方式,用户可以用眼神注视手腕内侧的图标,并捏住拇指和食指,以打开全局菜单。

Hololens 从"直觉交互"出发,倡导用户尽量地将现实中的交互方式带入到虚拟世界中,并为手势交互、语音交互、眼神注视列出了常用的设计模式。

在纯手势交互中,Hololens 用手势交互的空间维度、手指的数量维度来定义多种手势交互的方式。空间维度是指手指与手指之间、手指与元素之间的距离。通过空间维度可以定义捏、握等手势,也可以定义用户对元素的不同操作类型。手指的数量维度是指手指纳入到交互过程中的数量,如单指、双指等。

当手势交互的空间维度与手指的数量维度结合起来后,将产生各种各样复杂的交互变化,如图 5-21 所示。例如,单指在交互元素远处指、单指触摸在交互元素上、双指触摸在交互元素上、双指在交互元素远处指等。正因为手势交互如此复杂、可变性大,设计师更需要考虑如何采用直觉交互的方式去定义它,以降低用户的学习成本。

与此同时,Hololens 还提供控制器来协助对手势交互不熟悉的用户进行操作,以按键的形式能够使用户更易上手学习,更精确地进行操作,如图 5-22 所示。

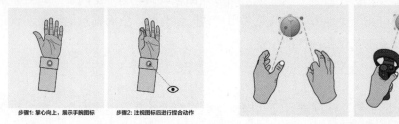

图 5-21　Hololens 3.0 手势交互　　　　图 5-22　控制器协助交互

当用户面临无法采用手势交互的操作时,如手里拿着东西或交互本身不适合手势,Hololens 还提供了语音交互与眼神注视。语音交互并非自然语音交互,而是通过画面中提示用户语音命令的形式进行,帮助用户明确地、果断地用声音进行控制。

在用户进行注视交互前,场景元素中往往会存在提示点,提示用户开展注视交互,如图 5-23 所示。用户进行注视时也并非单纯地注视,而是以注视的持续时长划分为几个阶段:观察目标、启动反馈、持续反馈、注视完成。在第一阶段,用户仅对交互元素进行观察,并不会唤醒注视交互的反馈。当用户注视一定的时间(通常是 150～250ms)后便会启动注视反馈,引导用户持续注视。最后,当反馈持续到一定的时间(通常是 650～850ms)后,注视完成,并激活所注视的目标。

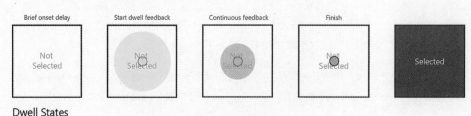

图 5-23　场景元素的提示点

3. 交互元素

在交互元素中，Hololens 将其分成了 4 类：视觉元素、规模、排版、声音。视觉元素是指颜色、材质、灯光等或静态或动态的元素。规模是指能够帮助用户了解物体大小、物体位置的特征信息元素。排版是指 MR 空间中的文字排布、遮挡关系、易读性等。声音则是指环境中的所有声音，并结合声音位置打造立体化音效。

将这 4 类元素进行组合，微软提出了各种类型的 MR 空间交互元素，如图 5-24 所示。

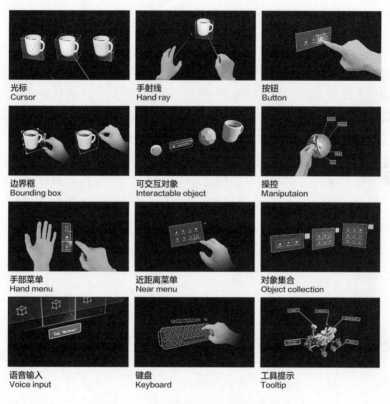

图 5-24　各种类型的 MR 空间交互元素

了解混合现实的交互设计结构元素、交互方式和交互元素，对于混合现实设计与开发是十分重要的。它首先能帮助我们了解什么能做、什么不能做，其次能帮助我们定义如何去开展交互，塑造更真实的体验。

本节介绍了交互设计中的设计模式，并从具体的案例出发讨论其应用。在实际的项目中，设计模式可以起到很大的推动作用。设计模式可以帮助我们运用已有的经验进行设计，节省新项目的设计时间和精力，同时也提高了设计方案的质量。而采用设计模式组合而成的产品，能够使设计师与开发者的沟通更加顺畅，开发者只要了解几种设计模式，就能对各种各样类型的产品开展开发工作。最后，从设计模式中开展设计，又从设计经验中总结设计模式，这一过程能够帮助设计师对交互设计进行更多思考，在设计能力上有所成长。

虽说设计模式是从设计经验中总结出来的一套常规范式，但是不同的公司基于其不同的商业诉求和品牌定位，设计团队对设计的理解也会有一定的差异。因此，许多公司都总结出了自己的一套设计语言与设计规范。在下面的章节里，将会介绍设计语言、设计原则和设计规范，并具体介绍目前最热门的几种设计规范，帮助刚入门的交互设计师从理论到具体的设计应用有一个全面了解。

5.5 界面交互设计

在开展界面交互设计工作时，当我们进行了初步的设计概念并开始进行交互的细化、落地时，一般会先根据品牌形象、商业策略、传播载体等信息，确认该产品的设计原则和设计规范，定义一个既灵活又稳定的设计框架，再在此基础上开展设计。这些内容会决定我们所采用的设计模式、元素、信息架构等实际落地信息。

举例来说，当我们定义产品是"商务""效率"时，所产生的交互设计会偏向于以文字为主、极简、单任务等，而我们所选的设计模式将会为了这样的设计目标服务。本节将介绍设计语言、设计原则、设计规范的定义，并介绍常见的设计规范，帮助大家了解如今交互设计领域中最常用的几种类型，从应用的角度深入到交互设计中。

5.5.1 设计语言

"语言"是与人沟通的一套方式，有着其符号与处理规则，可用于传递已知或未知事物的含义。语言是世界的基础构成系统，目的是交流观念、意见、思想等。而设计语言通过"设计""语言"两个词语的结合，指的是一种能够被解读的"设计表达"，是设计师创造的交流系统、沟通方式，用于在特定的场景中对设计进行合适的表达。

设计语言通过语言系统的概念对交互设计进行描述，表达交互设计的大致理念、具体实施、风格、使用场景、使用规范等。就像语言系统由文字、字母、单词、发音、语法等基础元素构成一样，一套完整的设计语言应由字体、颜色、形状、图标、网格系统 5 个基本元素组成。

1. 字体

字体是文字的外在形式特征，也就是文字的风格、文字的外衣。字体的外形、构造、设计在传达文字本身信息的同时也传达着情感内涵，通过不同字体的表达，用户可以感受到不同的意义。较大的品牌一般都会有自己的品牌字体，通过字体的设计形成统一的品牌视觉形象，传递品牌的价值观。

例如，Apple 公司为中文打造的苹方字体，在刚推出时便被质疑与老牌的华文黑体过于相似。但仔细对比两者并分析后，可以看出苹方字体更适合用作小文字，在 UI 中呈现；并不适合放大用于视觉设计使用。苹方字体在设计时弱化了所有可能被关注到的特征属性，以极简的理念开展设计，如此一来更适合用于任何风格的交互界面中，起到纯粹的文字表达作用。苹方字体所要表达的即是这种无排他性、让用户信赖、在任何场景下都适用的理念。

2. 颜色

颜色是视觉传达中最核心、最基本的语言，不同的颜色会给人带来不同的视觉感受，同一主色的不同配色方案同样给人不一样的感受。颜色可以吸引用户的注意力，主动与用户产生情感联系。例如，蓝色、绿色给人以冷静的感觉，更适合用于商务；红色、黄色更加活泼，适合用于餐厅或娱乐场所等。

在品牌的设计语言系统中，如 AntDesign 将颜色语言又分为品牌色、功能色、中性色和基础色。其中，品牌色一般是用于体现产品独有特征和传播品牌理念的基本颜色；功能色则专注于功能方面的表达，如成功、出错、失败、提醒等，其选取需要符合大众对色彩的认知，并尽量保持一致，如表达错误时大多采用红色；中性色主要用于背景、边框、文字这类陈列信息的大量场景，需要考虑深色与浅色背景的差异，保证信息的可读性；基础色是一套可以满足所有应用场景的色板，能够帮助设计师进行设计。

3. 形状

形状是构成 UI 的元素，在表达交互功能的基础上可以传递其他的感性信息。例如，圆角按钮比直角按钮让人感到更亲切；菱形图标给人娱乐性的感觉等。在品牌中，还会有一些与品牌相关的特殊形状被广泛使用，如麦当劳的 M、宝马公司的三角、Nike 的对钩等，在品牌展示时，会经常在产品、广告、主页中使用这些形状来加深用户对品牌的印象。

4. 图标

图标是指用于产品界面、具有指代意义的图形符号，具有高度浓缩并快捷传达信息、便于记忆的特性。图标是 UI 设计中必不可少的组成。通常图标设计的含义是将某个概念转换成清晰易读的图形，从而降低用户的理解成本，提升界面的美观度。图标设计构成通过形状、边框、颜色、圆角、大小、肌理等来延续传达界面的基调和品牌基因。例如图标以圆角成分居多，用户则会对产品感到亲切。

5. 网格系统

网格系统是整个设计语言的骨架，关系着交互界面的空间布局。与传统的平面设计不同，UI 的布局空间要从"动态""体系化"的角度进行构建，帮助界面在不同客户端、不同大小的界面中保持一致性。网格系统主要分为画板尺寸、适配方案、网格单位、栅格、模板 5 部分。通常我们的产品会运用在不同的设备中，网格系统可以帮助我们在这些设备中进行适配,让设计具有功能性、逻辑性和视觉美感的同时,完整地统一了品牌识别系统中的信息视觉媒介,进一步完成了品牌对外统一识别性的任务。

例如在国家重点研发计划"科技冬奥"重点专项中,设计团队进行了基于混合现实的冬奥会态势可视化与会商技术平台的设计规范设计,其中明确了色彩、文字、图标、结构、交互等设计语言规范,如图5-25所示。

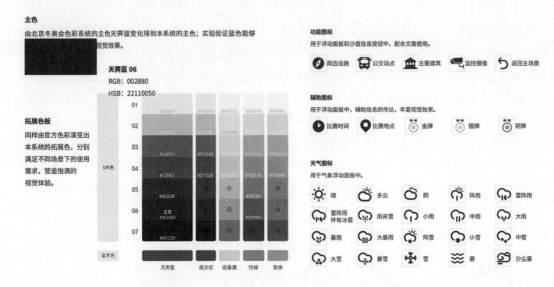

图5-25 "科技冬奥"设计语言:色彩和图标

为什么要构建设计语言?设计语言有什么意义呢?

首先,对于设计团队内部,设计语言可以通过规范系统化的设计原则,控制产品的生产过程,并提升团队协同的效率。当产品需要新增功能或进行版本迭代时,规范的设计语言可以帮助设计团队保持产品的统一性,并快速开展设计工作。还可以帮助开发团队在开发的过程中根据设计语言提前准备API直接调用,节省开发成本。

其次,对于设计团队外部,设计语言可以让产品在不同场景、不同终端中保持一致性,通过这种统一交互操作、视觉感受的方式,在用户心中植入品牌基因,提升品牌的识别度,并且由用户体验角度构建的设计语言能够在产品设计的过程中始终满足用户的需求,如字号大小、舒适颜色、画面比例等设定,为用户打造最佳的使用体验。

5.5.2 交互设计原则

原则是指行事所依据的准则,是代表性及问题性的一个定点词。原则是经过长期经验总结所得出的合理化现象。交互设计原则通过对交互设计领域的经验进行凝练与总结而得出,能够帮助我们更好地进行设计活动。设计原则在开展设计工作时非常容易被忽视,它们大多是一些本应就有、一看就懂的知识。而当我们重新正视这些设计原则,并有效地利用它们时，就可以大幅度提升设计的逻辑、质量。需要注意的是，设计原则在不同场景下有不同的适用性，在使用时需要了解使用者的需求，不能生搬硬套。

本书将介绍最基础的 8 个设计原则，实际上设计原则有更加多种多样的类型，无法在短短的一个章节内全部罗列并介绍。下面介绍的 8 个设计原则从设计心理学的角度，能够指导大部分设计工作的开展。

1. 亲密性原则

亲密性原则是指将相关的项组织在一起，使它们的位置相互靠近。在这种情况下，用户会认为靠近的项目是一个组别，不是彼此无关联的片段。换而言之，如果画面中有彼此无关联的信息内容，这些内容在画面位置中就不应彼此靠近。亲密性原则能够让用户在看到画面的第一眼就对页面信息有一个直观的了解，知道其大致组织结构与内容。

2. 相似性原则

相似性原则是指将表达含义相似的事物用一个共同特征组织在一起，如形状、大小、颜色、纹理等。当用户看到相似的共同特征后，会在潜意识感知到这些元素是同一个类别，将这些项目组合成相关的项目。设计师在设计的过程中能够通过布局、视觉元素的组合设计，激发用户对界面进行分组、分类、联结的本能，让用户能更快地了解系统。

3. 焦点原则

焦点是指在一个画面中，用户最容易注意到的最突出的元素。设计师可以对颜色、形状、大小做差异化，也可以用动态等效果进行强调。为画面中最重要的内容制造焦点，能够帮助用户快速将注意力集中到正确的地方，使得在使用产品与服务时能更快地了解重点信息，并对后续的操作更有掌控感。

4. 共同区域原则

共同区域原则是指当画面中的事物处于同一个封闭区域中时，用户会认为同一个区域内的元素具有更强的相关性。设计师常用边框、背景色的方式打造封闭区域，将相关的内容组合在一起，使用户更容易对画面的信息组织进行识别。

5. 闭合原则

闭合原则是指即使我们看到的是一个个不完整的图像、画面，我们的大脑仍会根据已有的经验对这些画面进行闭合补充。这一原则基于人类的一种完型心理：把局部形象当作一个整体形象来感知。在设计时，可以利用闭合原则进行一些创意的视觉化体验。

6. 对称原则

对称原则，顾名思义，是指利用对称的设计方法，给用户稳定、坚固、完美、有序的感觉。当设计需要简单和谐可视化的产品时，会经常用到对称原则。当用户需要关注重要的事情时，对称也能让他们感到更舒服。其缺点是，如果过度使用，产品会变得乏味和单调。对称原则可以与焦点原则共同使用，在对称中若出现了突如其来不对称的元素，那么它必定会成为视觉的焦点。

7. 共同命运原则

共同命运原则是指在画面中同一个方向运动的物体会被人们认为是相关的元素。例如在进行网页设计时，常会用横向菜单、纵向菜单来区分两个不同层级、不同类别的菜单。共同命运原则可以帮助我们建立组合状态之间的关系，尤其是在制作网页动画特效时尤其适用。

8. 连续性原则

连续性原则是指人们会将有序、连续的事物视为一组。连续性原则跟亲密性原则、相似性原则有一定的关系，比起亲密性原则注重位置关系、相似性原则注重视觉相似，连续性原则更关注事物的某种排列和运动规律。可以通过连续性原则来引导用户的视线，将其引导至我们想要的方向，使用户在使用产品时更加连贯、清晰。图 5-26 所示为上述 8 个设计原则的示例。

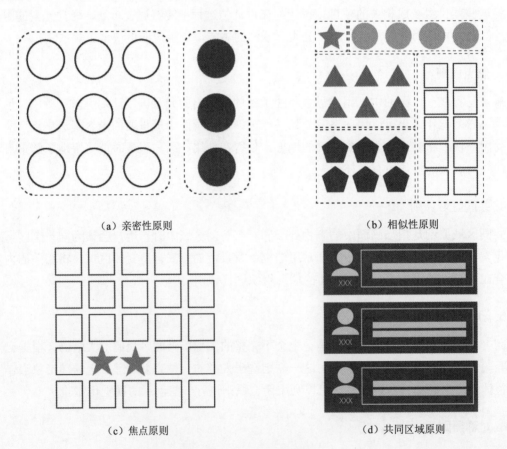

图 5-26　8 个设计原则示例

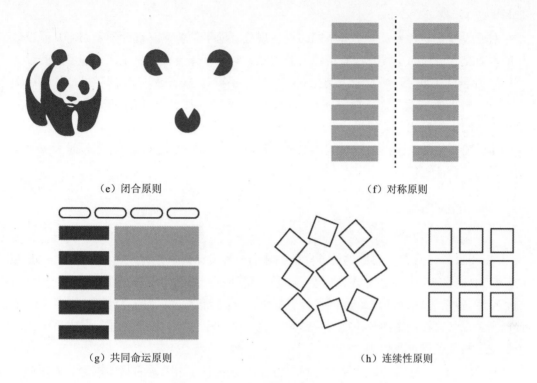

图 5-26　8 个设计原则示例（续）

上面介绍的 8 个设计原则从格式塔心理学的角度，通过总结用户对于画面的本能情感反应，来制定设计原则。这些原则可以积极地响应用户的心理情感反馈，通过引导用户的本能潜意识来打造更符合用户体验的交互设计产品。

设计原则是人们从过往设计经验中总结出来的，并无正确答案，实际上还有许多不同的设计原则，举例如下。

状态可见性原则：强调所有在页面上的操作都要对状态给予反馈，让用户知晓当前的系统状态。

一致性原则：是指用语、功能、操作、场景要保持一致性。例如，在中国应使用中文图标。

容错原则：是指交互界面的设计要考虑到用户操作失误的可能，给予回退、重做等机制。

在进行设计前，设计师不一定要对所有的设计原则进行了解和学习，但可以在设计的过程、测试、迭代中逐步总结出设计原则，作为今后设计的指导。

5.5.3　常用的设计规范案例

许多公司基于设计语言的方式构建了自己的设计规范，这些设计规范服务于不同的场景与系统中,各有差异。

对于设计初学者来说,了解不同的设计规范有助于了解交互设计师是如何开展设计工作的,对交互设计的实践方法有更深入的理解。对于设计实践者来说,了解不同的设计规范可以指导自身如何开展设计。例如 iOS 系统的手机与 Andriod 系统的手机,从系统级上就有不一样的操作模式,了解这两个系统的设计规范可以帮助我们在设计 App 时顺应这两个系统的操作模式,使得用户在使用 App 时能够有一致性的体验。

本节将介绍 5 个国内外比较常用的设计规范,相信在未来开展设计工作时大家一定会用得上这些设计规范。

1. Material Design

(1)基本介绍。

Material Design 是由谷歌的设计团队创建的一种设计语言,旨在帮助团队为 Android、iOS、Flutter 和 Web 构建高质量的数字体验,帮助设计师创建出易用性和实用性较强的网站和应用程序。Material Design 的设计目标为:一是创建一种新的设计语言,糅合经典设计原则,以及科技创新性与可能性;二是创建一个跨平台和跨设备尺寸的集成系统。

(2)核心价值观与原则。

Material Design 的设计规范包含很多方面,可以细分为大量的具体概念和处理办法。它所提出的设计价值观从特色的体验出发,制定出一套如何创建动画、样式、布局、部件、图案及可用性的详细规范。

①以材料作为隐喻:使用磨砂玻璃、阴影的效果打造材质感,将物理世界反射到数字世界中。

②粗体、图形化、引导:以印刷设计方法(如排版、网格、空间、比例、颜色和图像)为指导,创造层次、意义和焦点,让观众沉浸在体验中。

③有意义的运动:运动通过微妙的反馈和连贯的过渡来集中注意力并保持连续性。当元素出现在屏幕上时,它们会通过交互作用来改变和重组环境,从而产生新的变化。

这些设计价值观源于 Material Design 提出的对基本物理特性、形变特征和运动特点的理解。其指导理论是将材料元素置于基于现实的、近似的 3D 空间内。从美学角度来说,Material Design 介于扁平与拟物之间。基于以上设计价值观,Material Design 给出了一套设计原则、字体、布局、配色等方案,帮助设计师开展设计。

(3)应用场景与案例。

Material Design 常用于 Google 公司的应用中,以保持品牌一致性。它通过颜色、布局、排版、动效、形状等内容的制定,构建了一套完整的设计语言。它提供的不只是一套设计语言,更为用户开发了可用于设计实践的插件、代码和工具集。例如,通过 Material Design 推出的分级颜色系统,能够帮助用户更好地选取适合的配色方案,为不同的功能模块布置不同的颜色,如图 5-27 所示。

图 5-27　Material Design 推出的分级颜色系统

或者可以通过 Material Design 为每个组件设计自定义形状工具，调整不同设计组件模块的形状，如图 5-28 所示。

图 5-28　调整不同设计组件模块的形状

使用 Material Design 的设计语言开展设计，可以帮助设计师方便地选取适用的组件、颜色和动画效果，并通过 Material Design 所指导的设计规则，设计出不同风格的产品。

2. iOS Human Interface Guideline

（1）基本介绍。

iOS Human Interface Guideline 是 Apple 公司推出的设计规范指南，它主要用于 iPad、iMac、iPhone、iWatch 等苹果手机系统、软件中，并推荐设计师在开展应用设计时使用，如图 5-29 所示。尤其是在 Apple 公司产品安装中的应用，采用同样的设计规范设计出来的产品更有利于保证一致性。

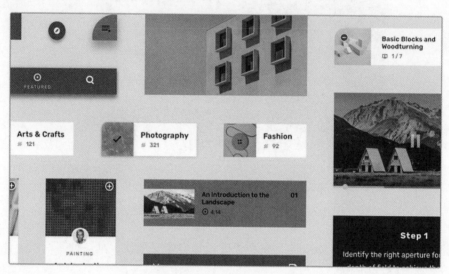

图 5-29　iOS Human Interface Guildeline

由于使用场景的区别较大，Apple 公司为 macOS、iOS、手表、电视等制定了不一样的设计规范，如图 5-30 所示。在本书中将重点讨论 iOS 设计规范。

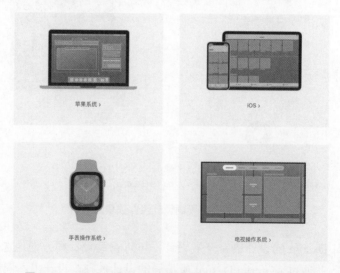

图 5-30　Apple 公司为不同系统制定不同的设计规范指南

(2)核心价值观与原则。

iOS 设计指南没有给出设计价值观,而是直接提出从用户体验出发的设计原则,更强调如何通过交互设计给用户带来流畅的使用体验。虽然它提出的都是一些比较常规的原则,其中并没有过多的品牌个性和品牌价值观,但这正是 Apple 公司一直以来所坚持的风格。

①审美完整性:代表应用程序的外观和行为与其功能的整合程度。例如,一个帮助人们执行严肃任务的应用程序可以通过使用微妙、不引人注目的图形、标准控件和可预测的行为来让他们保持专注。或者一些身临其境的应用程序(如游戏)可以提供令人着迷的外观,保证乐趣和兴趣。

②一致性:应用程序通过使用系统提供的界面元素、图标、标准文本样式和统一术语来实现熟悉的标准和范例。该应用程序以人们期望的方式整合了功能和行为。

③直接操作:对屏幕内容的直接操作会吸引人们并促进理解。例如,用户在旋转设备或使用手势影响屏幕内容时会体验到直接操作。通过直接操作,可以看到行动的直接、可见的结果。

④回馈:获取到用户的操作并显示结果以使人们了解情况。内置的 iOS 应用程序提供可感知的反馈以响应每个用户操作。交互元素在点击时会短暂突出显示,进度指示器会传达长时间运行操作的状态,动画和声音有助于阐明操作的结果。

⑤隐喻:当应用程序的虚拟对象和动作是熟悉体验的隐喻时,无论植根于现实世界还是数字世界,人们的学习速度都会更快。隐喻在 iOS 中运行良好,如拖动和滑动内容、切换开关、移动滑块、图书翻页和滚动选择器值等。

⑥用户控制:在整个 iOS 中,拥有控制权的是人而不是应用程序。应用程序可以建议行动方案或警告危险后果,让人们感觉自己在掌控之中。方法是让交互元素保持熟悉和可预测,确认可能的破坏性操作,并可以轻松取消操作,即使操作已经在进行中。

(3)应用场景与案例。

iOS 设计指南从应用架构、视觉设计、图标、交互组件等方面出发,全方位地构建了一套设计语言,可用于指导全场景的产品设计。并且,Apple 公司为设计师提供了一套工具集,让设计师可以直接使用 iOS 设计指南中的颜色、图标、模板、控件等内容,快速搭建交互界面。

3. Fluent Design System

(1)基本介绍。

Fluent Design System 是 Microsoft 公司推出的一套设计语言系统,如图 5-31 所示。Microsoft 拥有计算机、手机、办公软件等多种产品,最初这些产品使用的设计语言都不一样,Microsoft 吸取了每一个产品线的经验,从整个公司中汲取灵感,并打造了 Fluent Design System 用于全公司的所有产品中。

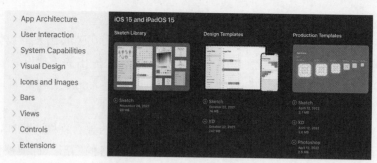

图 5-31 Fluent Design System

Fluent Design System 让微软回归了设计的基础，更加注重简单性。它没有大胆的排版和边缘到边缘的内容，而是专注于微妙的元素，如光线、深度、运动和材料。它已经出现在 Windows、Office 和 Web 中，带有一些运动和模糊效果。并且在 Microsoft 公司的其他服务中（如 OneDrive、Office Online 和 Outlook 等）都开始运用 Fluent Design System。

（2）核心价值观与原则。

Fluent Design System 提出的设计价值观从品牌愿景出发，结合 Microsoft 公司多终端、跨平台、智能化的产品特点打造。Microsoft 用 Fluent Design System 将公司内丰富的产品类型体验打通，由于产品数量较为庞大，涉及办公、社交、娱乐、运动等各种产品，因此它提出的 3 个核心价值观更像是一个大方向的指导性标语，而并未对细节上的设计原则进行说明。

①在不同设备中自然切换：Microsoft 公司打造跨设备的流畅体验，使人们无论使用任何类型的设备都感到很自然：从平板电脑到笔记本电脑、从 PC 到电视、从办公室到客厅再到虚拟世界，实现多平台跨终端的自然切换。

②直观而强大：结合上下文，根据用户行为和意图，预测用户需要的内容并在设计中进行调整以提升用户体验。Microsoft 采用机器学习的技术将全球用户的经验与操作记录并总结在一起，以提供更智慧的服务。

③引人入胜和身临其境：Fluent Design System 从物理世界汲取灵感，通过光与影、空间维度、基本材料的编织和折叠给虚拟世界以物理材质的感受，来打造引人入胜的体验。

从以上 3 个设计价值观出发，Fluent Design System 提供了一套多系统的 UI、字体、组件、配色和网格库，除了网页上的说明书，还提供了各种设计软件的插件，方便设计师快速开启使用，如图 5-32 所示。

（3）应用场景与案例。

Fluent Design System 的特色是跨终端、智能及物理映射，它最大的特点就是用各种材质的元素打造有一定物理属性的界面。例如通过磨砂玻璃、阴影、半透明、发光等视觉元素的应用，打造如图 5-33 所示的在屏幕内拥有深度空间的办公界面。由于在材质上已经进行了比较复杂的设计打造，因此从整体风格来说更偏简约、商务，不会给人视觉负担过重的感受。

第 5 章　交互设计——交互设计的基本流程、方法与实践开展

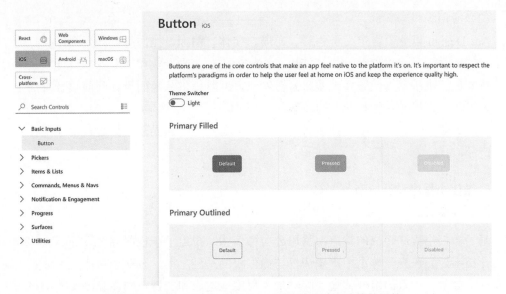

图 5-32　Fluent Design System 提供的各种设计软件插件

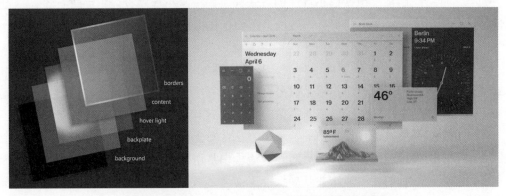

图 5-33　Fluent Design System 提供的各种质感界面

4. Ant Design

（1）基本介绍。

Ant Design 是蚂蚁集团推出的设计语言系统。蚂蚁集团的产品数量庞大且复杂，而且变动和并发频繁，常常需要设计者与开发者能够快速做出响应。同时，这类产品中又存在很多类似的页面及组件，可以通过抽象得到一些稳定且高复用性的内容。

随着商业化趋势的迅速发展，越来越多的企业级产品对更好的用户体验有了进一步的要求。带着这样一个终极目标，蚂蚁集团体验技术部经过大量项目实践和总结，逐步打磨出一个服务于企业级产品的设计体系 —— Ant Design。基于自然、确定性、意义感、生长性四大设计价值观，通过模块化解决方案，降低冗余的生产成本，让设计者专注于更好的用户体验。

131

（2）应用场景与案例。

Ant Design 设计语言定义了色彩、布局、字体、图标、控件等设计元素，并打造了不同平台的插件工具集供设计师直接使用。Ant Design 兼顾专业和非专业的设计人员，具有学习成本低、上手速度快、实现效果好等特点，并且提供从界面设计到前端开发的全链路生态，可以大大提升设计和开发的效率。

Ant Design 能够帮助用户打造清新、简洁、自然的产品界面，更适合用于商业性、工具类产品。

5. 微信小程序设计指南

（1）基本介绍。

基于微信小程序轻快的特点，腾讯公司微信团队拟定了小程序界面设计指南和建议。该设计指南建立在充分尊重用户知情权与操作权的基础之上，旨在于微信生态体系内，建立友好、高效、一致的用户体验，同时最大程度地适应和支持不同需求，实现用户与小程序服务方的共赢。

如今，许多应用都采用微信小程序的方式开发，按照小程序设计指南进行设计，可以保证程序在使用操作上与微信保持一致性，从而优化用户体验。

（2）应用场景与案例。

微信小程序设计指南从字体、列表、按钮、图标等方面给予了视觉规范，并制作了基础空间库供设计师下载使用。除此以外，微信小程序设计指南还另外打造了大屏适配指南、适老化设计指南，旨在帮助不同类型的用户在不同场景下都能有较好的交互体验。

本章介绍了开展具体设计工作的流程与方法，首先介绍了典型的设计流程，并用企业案例介绍不同的设计流程实践；随后对设计流程中常用的设计工具进行讲解，帮助读者快速掌握这些设计工具的使用方法并开展设计工作。之后介绍了设计模式和交互设计，它们是所有设计师在开展交互设计实践后必须接触到的知识。最后介绍了 5 个国内外最常见的交互设计规范案例，通过了解并学习这些常见的设计规范，使交互设计初学者能够大致对设计实践时应该如何开展工作有一定的了解，也能够在未来进行设计时有所依据。

5.6 作业/反思

1. 将自己曾经经历过的设计项目与本章介绍的设计流程体系结合起来分析，描述过去设计项目流程中的问题所在。

2. 尝试从设计流程、设计工具出发，策划一场设计工作坊。

3. 选择一款软件产品，并使用交互设计原则分析它的优缺点。

第6章

原型与评价——通过制作设计原型进行验证与评价

在开展了用户研究、体验分析、交互设计等一系列设计工作后,需要将设计概念落地到现实世界中才能够被广大用户体验。而在此之前还有一个十分重要的步骤:设计原型。设计原型是指通过简单、快速、低成本的方式呈现设计的核心内容,并可用于简单的体验测试。如今的设计团队,无论是学术团队还是企业团队,都采用设计原型的方式对设计方案进行初步测试,并快速迭代。这一方法能够帮助团队用更快、更低消耗的方式优化设计。在本章中,首先介绍设计原型的基本概念与方法,然后介绍能够用于原型验证的研究方法。

6.1 设计原型

对于以人为本的设计师来说,原型制作是一种非常有效的方法,设计原型使想法简单地落到现实中,使想法切实可行,并可以快速从设计的人员中获得关键反馈。并且,设计原型可以帮助设计团队对真实用户进行快速测试,帮助团队确定可能产生影响体验的概念,并找出改善早期想法的方法。原型并不要求用珍贵的材料来实现完整的设计,而是可以用简单、低成本、易碎的方式进行原型制作,不仅可以节省时间,而且还可以将测试重点放在关键要素上。

根据要解决的挑战,设计原型的实现步骤可能需要几天到几周的时间。首先,设计团队在集思广益并将这些想法捆绑成设计概念之后,选择一些最有前途的概念,并确定进行原型制作以进行用户测试。确定原型后,设计、制作并运行原型,这一阶段需要找到快速、简便的原型制作方法与测试方法。原型的设计过程可能需要几天到几周的时间,具体取决于要测试的内容,以及要进行几轮原型制作。之后,设计团队可能会一次测试多个原型,因此,需要使用"原型报告卡"工作表来有组织地收集测试中发现的问题,如图 6-1 所示,以便了解有效的方法并决定要迭代的内容或继续进行。原型制作是一个反复的过程,在设计原型阶段中,可能需要重复多次。每次搜集可以用于进行解决方案迭代的反馈,一步一步地进行改进和完善。

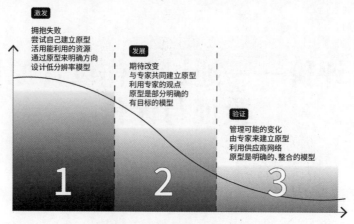

图 6-1 "原型报告卡"工作表

制作原型从不同的阶段出发,又可以有不一样的完成度与制作要求,可分为 3 个阶段:激发、发展和验证。在激发阶段,原型主要用于明确设计方向,因此可以通过低成本的方式自己开展原型制作,并接纳各种可能的失败。而在发展阶段,设计团队已经有比较明确的设计概念了,原型可以用于测试部分明确的想法。这一阶段中,可以邀请专家共同开展原型的制作,并通过迭代原型的方式更进一步明确最终设计。在验证阶段,原型主要用于用户实验,它已经是接近最终解决方案的、明确的、整合的模型。这一阶段的原型可以由专家团队建立,并进行简单的开发,使得其可以被使用、体验。实际上,这 3 个阶段中的原型均可以通过草图、图表、手工模型、计算机建模、图形、角色扮演、视频等方式实现。图 6-2 所示的产品,通过手工模型、草图、建模等不同的方式进行了原型制作。

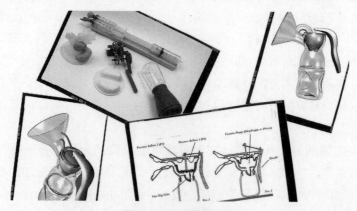

图 6-2 产品原型制作

图 6-3 所示的产品,则是采用草图、手工模型的方式对手机界面的设计进行了原型制作,能够在不需要开发界面的情况下通过简单的绘画直接尝试不同的界面设计。

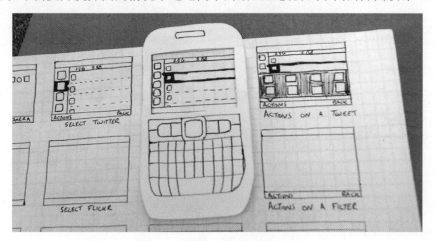

图 6-3　草图、手工模型的方式

在图 6-4 所示的案例中,则是通过积木模型的方式对服务流程进行了原型制作。通过建立一个个小场景及用户旅程的描述,能够发现服务流程中的问题并加以改进。

图 6-4　积木模型的方式

图 6-5 所示为任天堂公司 Wii U 平板控制器 Miiverse 的早期原型。在当时,这种类似于平板电脑的 GamePad 新型游戏硬件是一种新的概念,因此对其设计开发了多次原型。设计师本山一幸(Kazuyuki Motoyama)提出,他需要知道 Miiverse 在手中的感觉,因此通过这个简单的纸板原型开发了它的基本感觉。本山解释说:"除非我们实际持有,否则不会知道它的使用感受,但是由于我们没有它,所以唯一要做的就是制造一个原型。""在深夜,我切开了几块硬纸板并将它们粘在一起。"

图 6-5 平板控制器 Miiverse 的早期原型

6.1.1 设计原型的基本方法

设计原型并不复杂，有多种方式都可以快速呈现产品的核心特征，如核心功能、交互方式、产品价值、品牌理念等。在设计真正被投入开发之前，采用基本的设计原型方法帮助团队进行多角度、多层级的尝试，确保每个利益相关方对设计达成共同理解。设计原型可以根据对产品的还原程度分为低保真、中等保真和高保真。如果只是需要获得对设计价值、理念、核心功能等观点的反馈，用低保真的原型即可；若希望能够得到交互体验等方面的信息，则可尝试进一步制作中等保真原型；而高保真原型一般用于展示设计的细节，接近于市面真实的产品。以下是几种能够用于设计原型的基本方法，它们既有以叙事为主的，也有以体验为主的，根据产品的目标和原型设计的目的不同，可以灵活选用。

1. 故事板

故事板是通过一系列相互关联的分镜头表现使用产品的情节，帮助设计团队描述用户如何在场景中使用产品完成任务。故事板以时间顺序表现主要事件，用情景化图像及文字描述的方式来呈现与产品有关的故事，包含用户特征、行为、目标、情绪等要素，能够直观地表达产品的功能特性，并描述在场景中的交互方式和交互流程。

故事板由故事、图像、文字描述组成。首先故事板是基于故事的，可以将用户使用产品的故事划分在不同的场景中，用一个个事件进行串联。之后，将这些事件用图像的方式进行视觉化叙述，可以通过视觉化的方式描述用户的动作、表情，也可以尽量将场景、关键要素、重要道具、其他利益相关人描绘出来。最终，利用文字对图像中难以表达的内容进行补充，如对话内容、情绪状态、内心感受等。

故事板的呈现与漫画十分类似，它的优势在于能够展示设计的使用情况，并通过文字与图像结合的方式将产品使用的前因后果、内外部环境、用户的感受、交互方式等难以直接从产品本身观察到的情节描绘出来。

2. 明日头条

明日头条是指模拟当设计被开发并发布后，记者发表在报纸上的文章。假设如果设计投入市场使用并引发了用户反响，报社所报道的内容会是什么样的呢？这一方法采用文字描述的形式来展示设计的功能细节并预想社会的评价，以帮助团队判断未来可能的发展。通过使用虚构的描述快速构建设计的样貌。在这个假象之内，深入到设计细节的细致描述及用户使用体验的预想中，帮助设计团队设置下一步的计划。

明日头条由标题、时间、媒体、记者、报道内容组成。其中，标题需要用最吸引眼球、最精简的方式描述设计的核心，想象读者看到标题时是否会感兴趣。这种构思标题的思路也有助于设计团队判断设计的关键点是否存在价值与改进的方向。对于报道内容来说，主要由背景描述、设计描述组成，这一部分由团队自我审视设计方案，并进行细节叙述。例如设计产生的背景、原因、核心功能、使用情况等。而在明日头条的末尾，可以总结该设计的优势和不足，并描述未来的发展规划。

3. 纸板与纸面原型

纸板与纸面原型是指以纸板、纸面为主要素材来进行原型制作。例如通过剪切、折、黏的方式用纸板搭建立体化的产品原型，可以模拟各种不同的产品，大到便利店的内部环境、椅子、机器，小到手持手柄、鼠标等。而纸面原型则是通过绘制的方式将交互界面绘制出来，通过模拟的方式来判断界面的可用性。

纸板原型与纸面原型的优势在于能够用非常低成本、高效率的方法将设计概念进行具象化的呈现，并尽可能地将其细节展示出来，使用户可以直接用于测试。这两个方法不需要高级的工具和复杂的技巧，且具有极强的可塑性，在用户测试中能够快速地修改、重建，帮助设计师尽可能地在短时间内排除不可靠的想法，并逐步明确设计的核心方向。

4. 概念视频

概念视频是指用视频影像的方式将产品的概念、体验流程、使用场景、功能细节等方面进行视觉化的呈现，通过视频向观众描绘设计的构思，传达设计的理念。概念视频常常用于一些难以呈现的设计概念，例如面向未来技术的设计，或是针对特殊地区的服务设计、社会创新设计等。通过视频剪辑的方式可以将一些难以原型化的概念视觉呈现出来。

在进行概念视频的制作过程中，设计团队需要思考目标用户、利益相关者在视频中的交互关系，以及发展的可能性、设计理念、设计价值等，还需要考虑产品与服务的使用环境、使用者的情绪、引发的社会影响等。通过概念视频的制作，设计团队不仅进行了设计概念的原型具象化，还推动了团队对设计概念的反思。

概念视频与故事板类似，都需要由连贯的故事组成，以故事的形式表达设计概念。之后通过分镜的规划及视频的剪辑，将产品所要体现的核心功能、交互流程、价值、风格等剪辑出来。概念视频不仅是描述原型，在剪辑的过程中，由于剪辑风格的差异，也能够对品牌形象、价值理念等进行适当的传播。

5. 幕后模拟

幕后模拟法又名绿野仙踪法（Wizard of OZ），是指运用人工辅助的手段将设计原型包装成智能产品。幕后模拟法是一种将原型制作和角色扮演相结合的设计方法，由设计团队成员藏于产品背后模拟机器的行为，与用户开展交互操作。采用幕后模拟法可以实现一些短时间内难以开发的复杂产品功能，并能够通过实际的用户测试快速对原型进行调整以提升用户体验。

在进行幕后模拟时，首先要制作流程脚本。这一步需要对被测产品进行一定的预测，详细地设计产品在不同的情况下应该模拟怎样的反馈。随后，根据脚本制作所需要的道具，它们可以是产品纸板模型，也可以用日常物品来替代。创建模型后，设计小组要进行演练，模拟各种情况下的配合方式，并设置引导员、解说员、观察员等角色，保证真正测试的顺利执行。最后，邀请用户进行测试，由引导员、解说员在前台与用户之间进行测试，模拟员藏于产品背后，根据设置的脚本与用户互动，观察员负责记录用户的行为等。

6.1.2 体验原型

体验原型是指通过制作原型的方式邀请用户对服务体验进行模拟，通过使用特定的实体触点来预见其一些表现。体验原型允许设计师通过用户的积极参与来展示和测试解决方案。体验原型并不限制原型制作的方式，以任何媒介进行任何的表示形式都是可以的。通过原型与用户产生交互的方式，帮助设计团队理解、探索或交流正在设计的产品，理解产品在空间或系统互动中的感受。通过体验原型方法，能够了解现有的用户体验和上下文，并探索和评估设计，与观众交流想法。体验原型的特点是它不仅是针对产品原型本身进行制作与体验，他还需要模拟全部或部分人、地点和对象之间的关系，这些产品之外的重要方面也需要随着时间的推移展开。

体验原型这一方法在实验和评价阶段中可以为设计团队提供灵感。了解用户在过程中的体验，并理解质量等问题的根源。并且，体验原型让用户直接参与到原型测试中，作为经验的提供者，建立设计团队与用户共同的目标，并搜集该目标下有效的共同观点。

图 6-6 所示为飞机内部布局的研究，研究团队用简单的室内座椅模拟了飞机的布局，邀请用户在这种全面环境中直接经历在飞机中遭遇身体状况或相关社会问题时的体验。用户在这样的原型场景下能够迅速产生并评估想法。

第 6 章 原型与评价——通过制作设计原型进行验证与评价

图 6-6 用室内座椅模拟飞机的布局

图 6-7 所示为"商业折纸"体验，是日立公司为服务和系统设计而开发的一种纸张原型制作方法。它是公司内部开发的，但最终引起了其他组织的关注。这一原型工具可以模拟通过特定接触点的服务体验，用于描述当前状态并探讨未来的情况。例如，在 2011 年举办的 IA 峰会（Information Architecture Summit）研讨会上，Jess McMullin 和 Samantha Starmer 让参与者使用它来绘制会议酒店环境中的服务场景。

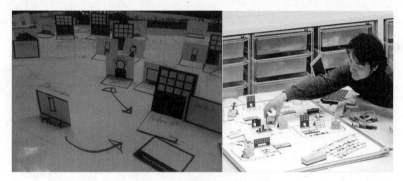

图 6-7 "商业折纸"体验

6.1.3 体验原型的方法：角色扮演与身体风暴

体验原型对传递和使用服务的参与者的预期体验进行模拟，包括服务体验中所有的接触点，能够用于快速的服务模拟，包括开发和定义服务中的消费者、专家和顾客。在体验原型中，经常采用角色扮演和身体风暴的方式进行原型的制作与体验，如图 6-8 所示。例如在一项儿童车内交互体验的研究中，通过摆放椅子及设计剧情脚本的方法，用户通过扮演相关的角色来完成指定的故事，理解其中的体验并发现问题。

图 6-8　角色扮演和身体风暴的方式

　　身体风暴是一种角色扮演中进行头脑风暴的体验原型方法。身体风暴要求参与者在体验原型的过程中，想象产品存在的状态是怎样的，并通过模拟表演理想的使用方式，以快速的反馈来生成设计构思。身体风暴是难忘的和富于启发性的，可以帮助设计团队在特定环境下对原型产生更准确的理解。对研究者而言，身体风暴方法非常适合那些可以接触到但不熟悉的活动，在熟悉的场景中复现这些活动，发现其中的设计目标。

　　进行身体风暴时需要注意的是场景的复现，不应单纯地对产品原型进行体验，而是要模拟产品使用的场景，要在产品将要使用的空间、场所进行。例如，如果要为一家街边咖啡馆做一个新的现金记录的界面。那么应该去咖啡厅开展设计、原型开发和角色扮演。在目标环境中开展身体风暴，会让团队发现产品在该场景中真正的体验问题，并使得产品最终的呈现贴近目标。其次，要在产品使用的空间或场所中进行模拟表演，必须在对应的"模拟"环境中进行测试。有时所选择的模拟环境并不是常见的场景，如飞机上或乡村中，并没有实际的现场环境的所有属性，但也应以模拟的方式尽量还原，使其具备相应环境中最重要的方面。

　　身体风暴一般由 5～8 位成员组成，每个人都需要有一个角色，即使他是一个道具。在进行角色扮演的过程中，可以使用大的标签来标记正在扮演的不同角色。并且，在执行的过程中，安排一名陈述者向参与的人群对体验流程进行解释，以最低限度地保证故事的运行。由于身体风暴并不是真实的场景，当小组正在工作时，设计团队应尽量使用鼓励的话来驱使团队顺利完成角色扮演。

　　身体风暴的环境与被研究的环境的相似性是关键因素，参与者在真实环境中的观察能力至关重要。进行头脑风暴时，应优先选择易于访问的地点，以确保设计团队能清晰地观察活动。尽管表演过程中可能引发挫折感，并伴随较高的准备成本，但从长远来看，随着参与者逐渐适应身体风暴的方法，这种方式将变得非常有效。虽然有时身体风暴的必要性看似较弱，但在原型场景中的表演过程所收集的用户数据和观察到的设计问题依然具有重要价值。

6.2 大胆假设、小心求证：实验性研究

设计不能仅停留在"创意"阶段，还需要用各种手段对设计进行"验证"。设计师擅长于大胆创想，而研究者擅长于小心求证，实际上在如今面向新技术的设计中，这两方面缺一不可。在开发了设计原型后，有许多方法可以对原型进行测试，从而更加可靠地得到与可用性相关的结论。

6.2.1 实验性研究概述

实验性研究是一种基础性、有效且可靠的科学技术，用于数据收集和建立科学知识，以因果关系的方式回答特定问题，在各个学科中广泛应用。在与前沿技术结合的交互设计中，常常需要将设计成果用于实验验证，而实验性研究是一个基本方法。从本质上来说，实验性研究涉及操控一个变量，然后观察它如何对另一个变量产生直接因果关系的影响。

随着交互设计领域的不断发展，人们开始认识到界面、系统和人机交互等技术不应仅限于定性研究，而可以通过实验性研究的方法，通过数据支持来推动交互知识和理论的发展。实验性研究方法有助于交互设计领域更加严密和科学。例如，通过眼动仪技术，可以将界面的颜色方案作为变量，以计算不同颜色方案对阅读效率和专注水平的影响。又如，通过可用性测试，可以调整两个功能的次序，以统计不同用户完成特定任务的时间。这些不同的实验性研究方法改变了人们对交互设计研究的认识，并开始将其视为一个严密、科学成熟的学科。

6.2.2 实验性研究的优点与局限

1. 实验性研究的优点

实验性研究通过精确、独立地控制变量，并通过随机分配用户的方法隔离最大化的外界因素，以实验的方法找到数据作为证据。实验性研究最大的优点就是可靠的"内部有效性"，即通过合格的实验设计、准确的数据统计来找到强而有力的因果关系。有时候人们会将实验性研究与另外两种研究方式相混淆，即描述性研究——准确描述正在发生的事情，以及关系性研究——捕捉两个变量之间的关系但不一定是因果关系。

实验性研究利用定量的数据作为证据，研究者可以使用统计学进行一系列分析，对结果的统计性和概念性进行有意义的探讨。此外，实验性研究还是检验一个理论命题的系统性过程，通过实验可以对某些理论进行更严谨的检验。

实验性研究还有一个优点就是它非常易于复制和扩展，只要对实验的流程设计、变量设置、用户分配等环节进行规范描述，其他的研究人员就可以复制这一实验，并在此基础上进行扩展。

2. 实验性研究的局限

实验性研究要求有可控的变量、定义明确且可被检验的假设，也就是说实验性研究依赖于各种稳定的因素，若这些因素的控制过于复杂，那么实验性研究就非常容易失败。虽然实验性的优势在于可靠、稳定的内部有效性，但这些优势会导致外部有效性低的风险。

外部有效性是指一项研究在其他环境或设置下的真实程度。如果需要严格控制外部有效性，那么会导致实验室的设置过度人工化，我们所观察到的行为数据就变得不那么有代表性。实际上有许多可以增强外部有效性的方法，例如，尽可能地选择与实地研究接近的参与者开展研究，或是模拟与实地研究环境相似的实验室环境。

实验性研究的一个常见错误是将缺乏显著的差异性视为证据不存在，我们应该认识到假设是不会被得到真正的"证明"的，而是通过不同的手段来持续积累证据以得到明确的支持或反对。因此，如果缺乏显著性差异，应该去寻找新的实验设计、数学手段、统计方法等，从其他视角来看待研究。

6.2.3 实验性研究的组成

1. 设定假设

在实验性研究的开始，要先设定研究假设，假设清楚地阐明了研究人员的研究目的，并定义了变量之间的关系。例如，A 导致 B、A 比 B 大等关于两个变量关系的描述。

一个好的假设应该是准确的，能够清楚地说明实验的条件、对照比较的条件、测试的条件及预测的关系。并且这个假设应该是有意义的，它能够指向某些有价值的结论，以形成新理论，促进知识的发展；或是它对现有的社会、应用、服务有一定的贡献，能够揭露一些事实并改善现状。

需要注意的是，我们所提出的假设应是可以被测试的，能够通过实验性研究为其提供严谨可靠的证据来证明其正确或错误。并且这个假设能够被证伪，也就是说这个假设虽然可以被测试，但有可能无法被证实，那么这个假设就不成立。

2. 评估假设：检验假设、估计技术

有了假设之后，就需要对假设进行评估，证明它能够经受实验审查。可以采用检验假设和估计技术两种方式来对假设进行评估。

（1）检验假设。

可以采用零假设显著性检验方法对其进行检验。零假设的意思是对原研究假设进行否定的假设，一般来说是一个可证伪的陈述句，预测实验条件间不存在结果的差异。例如"不同的帧率不会影响人类对运动的感知"这样的陈述句。之后，观察实验结果中出现零假设可能性的概率，称为 P 值。如果 P 值很小，那么我们就认为实验结果满足零假设的可能性很小；反之，如果 P 值很大，我们就得承认零假设还没有被推翻。通过这样的推理过

程，能够帮助我们梳理思路，在判断相关关系时更加谨慎。

（2）估计技术。

零假设虽然可以帮助我们梳理实验方法的逻辑，但在某些复杂评估下常常不够用。为了应对一些关于数据上的挑战，可以采用估计技术。估计技术是一种通过应用置信区间和效应量来确定效应大小的方法，在本书中不做详细介绍。它的重点在于用量化的方式强调小组、技术之间的差异大小，可以回答例如"A组和B组之间的效率差距多大"这种程度上的问题。

评估假设的方法涉及较多的数学、统计知识，本书仅作概念性的介绍，主要是希望读者在阅读相关论文、查找相关研究时能够判断其可靠性，若要实际开展评估假设工作，还需要再进行更进一步的学习。

3. 变量：自变量、因变量、控制变量、协变量

变量，顾名思义是指可以变的量，是在实验性研究中发现因果关系的核心元素。选择合适、正确的变量有助于实验的顺利进行，顺利找到因果关系以证明某些假设；反之，若选择了错误的变量，不仅无法得出有效的结论，还有可能将实验毁掉。在实验性研究中，常见的4种变量类型为自变量、因变量、控制变量和协变量。

（1）自变量是指由研究人员操控的量，是被考察的关键因素，常用 x 表示。鉴于自变量的重要性，在选择自变量时需要考量多重因素。一是研究人员能够对自变量进行良好的操控，能够以不同程度的自变量的变化来观察其对因变量的影响。二是自变量需要能够提供清晰的操作性定义，能够阐明如何设置自变量、如何对自变量进行调整等，以便其他研究人员能够复制相同的工作。三是需要考虑自变量的范围，以及其最大值与最小值之间的差异。自变量的范围与实验对象、实验主题有关，范围选择过小会导致实验结果差异化过小，难以形成明显的因果关系；而范围选择过大则可能导致无法找到问题具体的答案。最后是要选择对研究来说有意义或者有趣的变量，这将会影响研究的核心价值。

（2）因变量是一个能随着自变量变化而变化的量，通常用 y 表示，是因果关系中的结果指标。在交互设计研究中，常见的因变量有自我报告指标（如对界面的满意度）、行为指标（如点击率、完成数）、生理指标（如眼球运动、心率）。选择因变量时，可靠性是一个重要的考虑因素，如果在相同条件下开展实验，总能得到相同的因变量结果，那么它就是可靠的。

（3）控制变量是指那些潜在的、必须控制其保持不变的变量。例如，对界面中"确认按钮"的大小进行变量测试，那么按钮的颜色、形状、界面的布局等都是需要保持不变的控制变量，以保证它们不会随着参与者的不同而发生改变。控制这些变量的不变能够最大限度地减少它们对因变量的影响，让自变量与因变量之间的因果关系更明确。

（4）协变量是指那些可能影响因变量的附加变量，但不像控制变量那样受研究人员控制，而是允许其自然发生变化。通常协变量是指那些无法控制的因素，如人口统计学变量等。它们在理论上与因变量存在关联，但由于研究人员无法对其进行控制，在开展实验性

研究时要将其纳入分析考虑。

6.2.4 实验性研究的设计

前面已经了解了实验性研究的基本组成，接下来将介绍各种实验性研究的设计。实验性研究的设计能够帮助我们用正确的方法找到变量之间的关系，为假设提供最佳证据。本节主要讨论随机试验和准实验，并介绍这两种设计之间的差异。

1. 随机实验设计：被试间测试、被试内测试

随机实验之所以被称为随机，是指它为参与者随机分配条件来进行实验研究。由于参与者的不同属性很有可能导致测试结果出现偏差，因此随机实验将参与者进行随机、无偏见的分配，来最大化地减少群体之间的差异。

被试间测试是最常用的实验设计之一，被认为是随机试验研究的黄金标准。被试间设计要求每个参与者仅分配单一条件，例如 30 个参与者要对 A、B、C 3 个条件进行测试，那么 10 个分配到 A 条件，10 个分配到 B 条件，剩下 10 个分配到 C 条件。被试间测试的优势是它能够避免参与者在另一个条件中受到影响，尤其适合于那些参与者需要在实验性研究中学习到某些技能的场景。它的另一个优势是可以降低疲劳的影响，因为用户只需要进行一个条件的测试，因此可以用于耗时较长的实验中。

被试内测试是指参与者被分配到所有条件或重复暴露于单一条件的实验设计。也就是说 30 个参与者每个人都对 A、B、C3 个条件进行测试。被试内测试的主要优点是可以将所有条件暴露给每个参与者进行考察，从而有效地使各组实验成为自身的参照实验。尤其是当参与者的个体差异较大时，被试内测试可以通过分析同一个人在经历各种条件时出现的差异，更灵敏地找到自变量与因变量之间的因果关系。被试内测试的另一个优势是它可以通过较少的参与者来进行实验，对于那些针对特殊群体、特殊环境，难以找到适合参与者的实验来说，被试内测试更适用。

2. 准实验设计：非等组设计、中断时间序列设计

在实际的实验中，随机分配常常面临不实际、不道德的情况。例如，我们希望对课程教具进行实验，若对学生进行随机分配，则会影响学习成果的公平性，是非常不道德的。因此，学界提出了"准实验设计"。准实验设计可以解决由于缺乏随机化所导致的内部效度不足的问题，准实验设计一般可以分为两个主要维度的变化：一是有控制组或对照组，二是干预前和干预后。

非等组设计是最常用的准实验设计之一，其目的是衡量由某种干预所造成的在表现上的变化，因为它不能完美地将参与者随机分配到不同的实验组，不同的实验组具有非等同性，因此被称为非等组设计。非等组设计的经典结构是设置两个组别，一个组正常进行任务流程，另一个组在任务流程中间加入干预条件。理想的情况是在测试初期两个组别几乎没有差异，这样能够表示两个组别趋近于等同，让我们对后续的实验充满信心。并且其中一个组在进行干预后，两个组别产生了较大的差异，这个差异即为干预因素带来的结果。

例如：测量1—干预—测量2/测量1—测量2

中断时间序列是另一种常见的准实验设计，通过比较干预前后的多个测量值来推断自变量所造成的影响，它常用于一些自然发生的事件，或是难以对实验组别进行控制的实地研究。中断时间序列设计的基本方法就是在实验流程中进行多次测量，不仅是在干预、处理、事件发生时进行测量，在这前后也要多次测量。这个方法可以通过多次的测量值，观察到一段连续的数据，将这些数据与干预、处理、事件进行综合分析，得出变化的因果关系。

例如：测量1—测量2—测量3—测量4—干预—测量5—测量6—测量7

总的来说，准实验设计能够帮助我们在随机实验无法执行时开展实验性研究。尤其是针对交互设计研究来说，经常需要在实际的自然环境中开展测试，而实际的自然环境很难做到完美的随机分配或是对照组设置。因此，准实验设计对交互设计研究者来说更有实践意义，它能够证明干预在自然环境中仍然有效，具有现实意义上的说服力。

6.3 方案评估：回溯性研究

通常情况下，常见的交互设计研究实验方法都是主动、即时、事件驱动的，前文介绍的几种方法属于这一类别。这些方法非常有效，可以用来发现用户的行为规律，找出系统存在的问题并确定优化方向。然而，它们也有一个共同的缺点，即很难追踪用户在现实世界中更为自然和长期的行为。这是因为这些研究方法要么要求用户前往实验室，要么在日常生活中不断提醒用户他们正在受到监测或追踪，这些因素都可能导致用户在实验中表现出不同寻常的行为。而最自然的日志数据分析方法也有无法理解用户动机和意图的缺点。因此，当希望观察参与者在正常情况下、非实验情境中的行为，同时还希望了解参与者行为背后的动机和上下文联系时，可以考虑采用回溯性研究方法。

6.3.1 回溯性研究介绍

回溯性研究方法简单来说是要求参与者根据行为发生时的照片、视频、眼动轨迹等线索，在实验结束后回忆并解释他们之前的行为。这种研究方法的优势在于不会在实验的过程中干扰参与者的任务流程，而且采用具体的线索帮助参与者进行回忆，也能避免记忆模糊等问题，能十分准确地了解用户行为。回溯性研究方法的核心在于捕捉到有助于回忆的线索，将这些线索用于后续的讨论分析。回溯性研究的实验设计主要由以下几个元素组成。

（1）数据搜集，即提供给参与者进行审阅的数据的类型和收集方法。

（2）研究时长，通常从几分钟到几天不等。

（3）用于引起回忆的审阅工具、采访方法及过程。

（4）数据搜集的采样频率。

（5）数据搜集后的审阅延迟，即从数据搜集到审阅样本时经历的时间。

回溯性研究方法运用了人们记忆的能力，让参与者回忆当时发生的事情。但记忆有时是十分脆弱的，记忆的准确性和质量常会有所缺失，也会受到研究人员引导的影响。充分了解容易让记忆产生偏差的原因，能帮助我们更好地设计回溯性研究方法。

（1）参与者会倾向于在研究人员的引导下回答有关的问题，因此，引导的方法与话语是很重要的。合理的引导能够帮助参与者回想起更多东西，而失败的引导则会导致参与者错误理解自己的想法。

（2）参与者会根据某类事件的普遍模式来重构记忆，而不是基于自己的准确回忆。找到更有助于参与者回忆的审阅工具或是缩短审阅延迟，会对这个问题产生较大的帮助。

（3）参与者有时会根据所回忆事件相似体验的其他事来进行回忆，将两段不同的经历关联起来，造成记忆上的误差。同样，也需要用更有指导性的审阅工具来帮助参与者精准回忆。

6.3.2 回溯性研究方法

回溯性研究方法通过对过去的行为加以回忆来产生理解，接下来将依次介绍用于回溯性研究方法的审阅工具，包括记录日志、视频、昨日重现法、体验抽样等。

记录日志一般是指通过日志记录系统在用户难以察觉的情况下记录用户日志事件，这些系统可以进行详细的、细颗粒度的、具体的操作事件与数据，能够让用户在事件结束后看到自身的行为并准确回忆他们。可以采用日志查看器来帮助用户回忆这些日志信息，日志查看器是一种能够记录用户日志事件并进行筛选、可视化、行为关联的工具。通过日志查看器，用户可以回看他的所有操作行为，以及这些行为的上下文联系。有时还可以运用屏幕截图来辅助提示，帮助用户更好地进行回忆。

视频用动态画面配合声音的方式展示用户整个工作过程的视频回放，让用户观看这些视频并回忆、描述视频中的关键事件。有时候整个事件的持续时间过长，将视频全貌展现给用户并不现实，可以用视频关键帧的方式为用户展示相应信息。视频关键帧是指一段视频的核心画面，现在已有许多软件提供关键帧提取技术，可以提取出视频在场景切换或有新的画面元素出现时的关键帧画面，可以用这些关键帧快速定位到某些指定的视频画面中。在使用视频审阅材料进行回溯性研究时，要确保这些画面在参与者的记忆中仍然保持清晰，能够对画面中的行为进行具体的解释描述。

昨日重现法是让参与者把日常的体验重构为一些连续的片段，并为每个片段命名。参与者在回忆每一个体验片段时会将前一个片段关联起来回忆并讲述体验。为了让参与者的回忆叙述尽量不产生偏差，昨日重现法一般在报告当日或第二天一早开始，以免参与者的记忆随着时间的流逝而变得模糊。由于昨日重现法要求参与者对发生的事情一件一件地叙述并尽可能地将其串联起来，因此它更适合用于至多一整天的体验重现。若参与者的记忆涉及多天的体验，可能会遇到记忆模糊、描述不准确，甚至对不同日子的记忆交叉混乱的情况，因此不适合用昨日重现法。

体验抽样与记录日记类似，通过一些外部信号驱动用户主动记录。例如通过手机信息提示、文字提示等信号，提醒用户在发生某件事时通过填写问卷等方法记录自身的体验。它与记录日记较大的区别是，不要求用户记录过于复杂的信息，一般只需要用户进行简单的操作，如对附近的环境拍几张照片，或对界面进行截图。之后再利用这些信息进行回溯分析方法，邀请参与者利用这些审阅材料进行回想。

6.3.3 回溯性研究的时间维度

在进行交互设计的回溯性研究中，在研究开始前要根据研究的对象与目标设置时间维度，这个时间维度可能是要求参与者对几分钟、几小时、几天甚至是几周前的审阅材料进行回忆并叙述。时间维度的选择会大大影响参与者的记忆，若时间跨度太长，回忆会变得模糊导致描述不准确；若时间维度选择太短，则无法对长期的日常行为进行研究。因此，时间维度的选择需要研究团队根据所研究的目标及审阅材料的选择来进行定义，一般可以分为以下3种时间维度类型。

（1）短期研究：是指小于2个小时的实验时间，要求参与者在任务完成后立即进行回想。短期研究常用于可用性研究，邀请参与者进行某一任务，并在任务的过程中采用录像、录屏、眼动追踪等记录。任务结束后，将这些审阅材料展示给参与者，邀请参与者进行回忆并对某些行为的想法进行叙述。短期研究可以对参与者的意图、动机进行探究，研究人员若能进行有效的引导提问，还能帮助参与者回忆起一些他们自身都没有意识到的内心想法。

（2）中期研究：是指2个小时以上、2天以内的实验时间，一般要求参与者在任务完成后的一两天内进行回想。中期研究在人机交互领域中比较常见，它在短期研究与长期研究中取得了一个良好的平衡，不仅能够让参与者进行一段较为完整的任务，2天的时间参与者也不至于损失太多记忆。而且由于短期研究的时间设置太短，一般只能在实验室开展研究；中期研究更适合在真实的自然环境中进行。

（3）长期研究：是指至少大于一天的回溯性研究，一般要求参与者在任务完成后的一两天内进行回想。长期研究通常是指那些数天以上的研究，在研究的过程中，研究人员会日常询问参与者情况，或要求参与者协助完成某些记录。因此，在长期研究的过程中参与者会或多或少地了解到研究的相关信息，从而受到影响，改变他完成任务的动机与行为。长期研究的另一个弊端是参与者在研究结束后容易对记忆产生模糊或混淆，如将第三天的记忆认为是第二天的。但是对于一些需要在自然真实环境下观察参与者真实行为的研究，长期的回溯性研究方法是最合适的。研究团队应从如何在研究过程中提示参与者，以及如何帮助参与者进行回忆这两个方面，来尽量避免长期研究可能带来的问题。

6.3.4 回溯性研究的评估

大部分的交互设计研究都在行为发生一段时间后进行评估，并邀请用户表达自己的想法，但并不是所有这样的研究都可以称为回溯性研究。回溯性研究的核心在于使用线索材料对参与者进行提示，帮助参与者展开回忆叙述，那么对于交互设计研究来说，回溯性研究普遍有用的信息究竟有哪些？可以从下列两个问题展开思考：一是研究过程中的时间间隔造成了哪些偏差并对参与者的反应产生了什么影响，二是所采用的实验方法对回忆的有效性产生了哪些影响。

在开展回溯性研究实验设计前，可以对回溯性研究的每个元素进行分析讨论，从而得出最适合该主题的回溯性研究实验设计。

（1）数据搜集：如何进行数据搜集？需要搜集什么类型的数据？搜集的数据量大概是多少？数据是通过系统自动搜集还是通过参与者主动提交？如果数据搜集需要参与者主动提交，会在多大程度上影响实验中的行为？

（2）研究时长：评估研究会进行多长时间，一般根据研究对象和研究目标来设置。例如需要在自然环境下开展的研究耗时一般要长于实验室研究。研究持续较长的优势是可以搜集到更多数据，产生更多意想不到的结果；缺点是参与者的记忆会变得比较模糊，出现偏差。

（3）审阅工具：我们应该记录怎样的审阅材料，并用什么审阅工具来展示这些数据？一般会有某种回放系统来帮助研究人员摘出有代表性的片段或事件（如视频关键帧提取）。在利用审阅材料帮助参与者进行回忆叙述时，需要注意只展示指定的审阅材料给参与者，以免参与者受到其他事件或事件上下文的影响，被提示回忆起无关的信息内容。

（4）采样频率：根据数据搜集定义采样频率，是随机进行采样还是周期性采样？触发采样的事件是什么？周期是多少比较合适？一般来说数据自动搜集的采样频率较高，而要求参与者主动提交数据则不适合设置过高的采样频率，以免参与者受到影响。

（5）审阅延迟：即参与者在研究行为结束后何时审阅数据？一般来说延迟越少越有助于参与者进行回忆，但长期研究必然会面临较长时间的审阅延迟。此时可以尝试采用周期性审阅的方法，但周期性审阅也容易造成参与者在研究的过程中受到影响。

对于回溯性研究来说，我们面临的最普遍的问题是回想偏差，也有不少研究讨论回想偏差对回想准确性造成了多大影响。但对于回溯性研究本身来说，要认识到一点：记忆本身才是重点，而通过记忆重建的体验、想法、评论其实无关紧要。对于交互设计来说，参与者在未来对某一产品、服务的决策基础就是他的记忆，所以即使参与者在任务结束后的记忆可能与当时的体验有很大的区别，但经过多次回想的记忆却可以为参与者未来的行为提供有价值的信息。

举例来说，参与者在完成某一自助服务流程时，由于大部分的操作需要参与者自己学习，因此体验并不好。但在结束后，由于参与者独立完成了一项服务，学习到了新的技能，他获得了较大的满足感，并因此对记忆产生了不一样的理解。此时，虽然从回溯性研究的审阅材料来看参与者的体验较差，但他的记忆却是积极正向的，而我们更应该关注这样的总结性记忆。

本节从概念、基本元素、方法、时间维度和评估等多个角度介绍了回溯性研究。回溯性研究是一种非常适用于发现用户行为模式、系统问题和确定优化方向的方法。其显著优势在于能够观察用户在日常真实自然环境中的行为，深入挖掘用户的内在感受、动机和思维。然而，由于回溯性研究高度依赖实验设计，若实验设计不合理，容易导致参与者在完成一系列短期或长期活动后难以进行有效回溯，这不仅无法获得有价值的信息，还会耗费参与者和研究团队的精力。因此，建议在进行回溯性研究之前，研究团队应进行多次内部模拟，评估实验设计，然后再着手进行研究。

第7章

拓展与创新——科技、社会、文化如何影响设计

交互设计的核心观点并不是一成不变的，随着科技、政治、社会、文化的不同，用户所期待的产品与服务也会有所不同，而交互设计师的设计观念也会随之改变。作为设计师，应该把自己视为产品的设计责任人，所设计的产品与服务应带给社会价值，同时也会影响人与社会。因此在设计时，除了要关注产品、用户和场景，也要格外关注科技、社会、文化等因素，为设计负起责任。

7.1 设计与科技

技术的发展与交互设计相互影响。通常，人们所理解的技术进步会带来新的工具、媒介、技术手段，从而催生出不同类型的产品和服务，为交互设计带来更多多样化的机会。然而，实际上交互设计也在影响着技术的发展。

以很早之前的一个例子为证，人们一直有沉浸于虚拟世界的愿望，尽管在当时尚未出现虚拟现实和增强现实技术，但相关文学作品已经开始探索这一概念。受到人们的期望与启发，科学家和工程师开始朝着这个方向努力，最终催生了虚拟现实（Virtual Reality，VR）、增强现实（Augmented Reality，AR）和混合现实（Mixed Reality，MR）等技术。在企业中，设计团队和开发团队也常常采用类似的合作流程。例如，华为的2012实验室设有多个技术预研小组，他们专注于研究设计师提出的未来产品功能和技术概念，以寻找可以实现这些概念的新技术方法。

在本节中，将介绍被技术发展所影响的设计观点，并介绍这些技术在交互设计领域的应用。尽管这些内容主要从技术角度出发，但也鼓励读者在阅读时以设计师的眼光来思考：未来的产品需要哪些技术支持？如何继续发展这些技术以满足设计的需求？

7.1.1 设计的3种类型

John Maeda 提出了设计的 3 种类型，即传统设计、设计思维、计算设计，如图 7-1 所示。

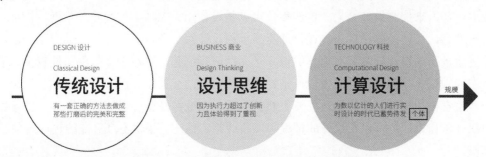

图 7-1　John Maeda 提出的设计的 3 种类型

（1）传统设计：是指涉及物理世界中的物件设计，起源于工业革命和之前几千年的酝酿。核心是通过一整套正确的方法去打造出完美精致且完整的作品。

（2）设计思维：是指涉及组织如何学会通过思维方法实现合作创新，是用户体验设计的核心，是为满足与用户个人相关的创新需求而诞生的思维模式。随着传统设计的制造与执行力逐渐得到饱和，人们开始关注于创新力和体验，因此设计思维受到重视。

（3）计算设计：涉及任何涵盖处理器、存储器、传感器、执行器和网络的创造性活动，它因为计算机及其他相关技术的蓬勃发展而得到重视，标志着设计师开始使用技术作为设计材料。

虽说传统设计、设计思维和计算设计 3 个环节是顺应时代的发展演变而来的，但不代表当前时代设计师就只专注于一个领域的设计，反而是这 3 个领域相辅相成能诞生出更多创新的设计概念。

7.1.2 计算设计

随着人工智能、云计算、虚拟现实、物联网、边缘计算等技术应用手段的发展，设计的对象从物质实体变成了虚拟数据，设计师也开始去寻找在虚拟、数字、计算世界的新设计道路。Computational Designers（计算设计师）就是上面所描述的这些设计师，他们掌握着软件、硬件、网络的基础知识，尝试将计算机的能力用于设计。他们跳出传统设计与科学技术对立的局面，尝试寻求它们的合作关系。

计算设计（Computational Design）是一种新兴的设计方法，它将算法与参数相结合，通过先进的计算机处理技术来解决设计问题。计算设计可以将设计师的设计流程编译成计算机语言，并将相关的信息用参数化的方式输入，以计算算法模型的方法完成设计分析。一旦设计流程被编译成完整可用的计算设计系统，设计就变成了一个动态的、可重复的、不断进化的过程。

计算设计从运用方法来划分，可以分成3类：参数化设计、生成式设计和算法设计。

1. 参数化设计

参数化设计是一种交互式的设计过程，它通过建立数学模型规则，并将数学模型中的参数进行输入来控制设计结果。这些参数可以是设计相关的项，如尺寸、角度、权重、色值、硬度等。在传统的设计中，设计师需要单独设计每一个设计元件，若其中某一部分进行了更新，那么设计师需要对整体的每一个元件进行调整。这对于那些整体性较强、设计较严谨的领域（如建筑设计）来说，是工作量非常大的一件事。而参数化设计通过提前制定一套数学模型规则，设计师只需要更新其参数，参数算法就会对相关的所有元件参数进行更新。这让设计师可以在设计的过程中不断调整、优化，提供更多可能的设计选项。

2. 生成式设计

生成式设计是一种迭代设计过程，是指让用户输入几个特定的设计概念、规则、参数和指标，之后由计算机算法、人工智能和云计算技术来产生数十种甚至数百种设计方案，并可通过一定的规则进行排列。生成式设计对于设计师的创造力遇到瓶颈时，有很大的帮助作用，它采用计算机技术提供大量的灵感供设计师参考。它的意义在于能够为设计师提供所掌握的知识以外的设计选项。设计师往往是基于已有的知识、过往的经验来构建新的设计，而计算机技术能够从宽阔的互联网中为设计师找到其他素材进行设计重组，帮助他们找到从未想象过、超出正常思维过程的解决方案。

3. 算法设计

算法设计是一种以算法为导向的设计方法，算法设计可以理解成通过算法对输入的参数进行更高级别的检查。它与生成式设计类似，都是通过输入设计概念、规则、参数和指标来计算出设计结果。但与生成式设计不同的是，生成式设计产生的是大量可能的设计结果，而算法设计是产生一个或几个期望的结果。

参数化设计使用特定规则来创建易于修改的设计方案，并可随时调整参数；生成式设计通过输入参数来生成一系列设计选项；而算法设计主要是通过算法来生成设计模型。这3个方向有一定的重叠，例如算法设计实际上也是一种生成式设计；生成式设计若依赖于参数，那么它也可以说是一种参数化设计。

7.1.3　新技术下的交互设计

1. 多模态交互

模态（Modality）是德国生理学家赫尔姆霍兹提出来的一种生物学概念，通俗地讲，就是指"感官"。多模态交互（Multi-modal Interaction）就是指将多种感官融合进行交互互动，如通过文字、语音、视觉、动作、环境等多种方式进行人机交互。多模态交互可以让机器模拟人与人之间的交互方式，用更自然的交互方法来符合人们的期待。

交互设计中最常运用的多模态交互从五感出发，例如，视觉交互是一种通过眼睛进行识别、控制和互动的交互方式，是人们日常生活中最常接触的交互方式之一，而听觉交互是通过声音的传递来接收和输出信息的。表 7-1 所示为多模态交互的常见方法。

表7-1 多模态交互的常见方法

视觉	与屏幕上的图像、灯光信号等进行视觉交互。在成像技术成熟的今天，视觉交互还能够创造更为复杂的呈现效果，如三维图像、虚拟现实和增强现实技术，以视觉的方式为用户创造身临其境的感觉。除了视觉呈现，视觉交互还包括使用眼睛进行控制和互动，已经在多个应用领域得到应用。例如，通过眼动追踪技术来跟踪用户的注视点，或者使用虹膜识别技术来进行设备解锁。此外，心理学家还可以通过监测人类瞳孔的运动和变化来评估用户的心理状态，这为心理研究提供了有力的工具
听觉	听觉交互是一种利用声音传达信息的交互方式。过去，听觉交互主要是以接收声音为主，但随着人工智能技术的不断发展，语音识别和语义理解技术的进步使得产品能够理解用户所说的话，因此我们现在以自然语义对话的方式进行听觉交互。此外，还有其他有价值的应用，如声纹识别用于设备解锁、通过声音分析来计算用户的情感状态、人工智能支持的同声传译、语音输入法等
动作	动作交互是由人类主动向机器输入信息的一种方式，当前最常见的动作交互即触屏交互。由Apple公司发明的触屏手机让触屏交互从实验室走向了大众，如何将5根手指的动作结合起来操作屏幕成为了触屏交互研究的重点。除此之外，动作交互正在往更自然的方向发展，远程识别技术与肢体动作算法让我们的肢体动作能够被机器理解。通过摄像头和远程传感器，人们已不需要佩戴任何传感设备就能与机器产生肢体互动交流，这一交互方式催生了很多智能家居、体感游戏的应用开发
触觉	触觉交互是虚拟现实交互技术的重要组成部分，通过模拟人类对真实物体的触觉感知过程，将虚拟环境的触觉信息真实地反馈给用户，可以极大地提升虚拟现实互动的交互性和临场感。一些简单的触觉交互技术（如手机的震动反馈），可以让手机游戏体验大大提升。而一些复杂的触觉交互大多还处于实验室阶段，并没有进入大众视野，但也有一些成熟的产品，如虚拟现实触觉手套，通过佩戴手套与虚拟现实眼镜，用户可以更真实地感知到虚拟的世界
嗅觉与味觉	嗅觉和味觉在人们的日常生活中扮演着重要的感知角色，它们也逐渐成为虚拟现实交互技术的关键组成部分。尽管虚拟味觉的研究仍然处于实验和开发阶段，已有一些研究通过电极等技术来模拟虚拟味觉的传递，但尚未转化为成熟的产品

多模态交互设计的应用使人与机器之间的信息交流从单一的感知维度扩展到了二维和多维空间。结合人工智能算法等技术，机器能够理解人类的语言、肢体动作和情感表达，从而模拟出更自然的互动反馈，使人机之间的关系由单纯的工具使用转变为更加协作互动的模式，甚至达到一定程度的共情与协同。这一发展为人机交互领域带来了更多的可能性。

2. 虚拟现实与增强现实

虚拟现实与增强现实都反映了真实世界、虚拟世界之间的关联，但对于非专业人士来说，非常容易混淆这两个概念。虚拟现实（Virtual Reality，VR）的核心是让用户沉浸在完全人工的数字环境中，而增强现实（Augmented Reality，AR）则是将虚拟对象覆盖在现实世界环境中。

虚拟现实，顾名思义，就是虚拟和现实相互结合。从理论上来讲，虚拟现实技术是一种可以创建和体验虚拟世界的计算机仿真系统，它利用计算机生成一种模拟环境，使用户沉浸到该环境中。虚拟现实技术通过计算机技术产生的电子信号，将其与各种输出设备结合，使其转化为能够让人们感受到的现象，再通过三维模型表现出来。因为这些现象不是人们直接能够看到的，而是通过计算机技术模拟出来的世界，故称为虚拟现实。

目前，虚拟现实技术被较多地运用在影视娱乐、设计、医学、军事等领域中，例如，生活中较常见的影视娱乐场景，如 VR 体验馆、VR 电影、VR 游戏等。因为虚拟现实能够让体验者体会到置身于真实场景中的感觉，沉浸在影音娱乐的虚拟环境中，吸引了许多人前去体验。而在设计领域中，虚拟现实主要用于室内设计、建筑设计等需要理解现实的空间并加以改造的领域。利用虚拟现实技术，人们可以把室内结构、房屋外形等表现出来，使之变成可以看得见的物体和环境。将自己的想法通过虚拟现实技术模拟出来，在虚拟环境中预先看到室内的实际效果，这样既节省了时间，又降低了成本。在医学与军事领域中，虚拟现实主要用于教学培训。例如在医学教育实践中，虚拟现实技术模拟出人体组织和器官，让学生模拟手术操作，进行高难度手术的预演，快速掌握手术要领。而在军事教学上，虚拟现实技术能够模拟真实的山川地貌、海洋湖泊等数据，有助于进行军事演习演练。也可以通过虚拟现实技术模拟无人机飞行、射击等工作，甚至用虚拟现实来操作无人机进行侦察工作，以减少人员伤亡。

增强现实技术也称为扩增现实，旨在将真实世界的信息和虚拟世界的内容融合在一起。这种技术通过计算机科学技术，模拟和叠加虚拟信息在现实世界中，使其能够被人类的感官所感知。这样一来，用户能够在同一画面和空间中同时体验真实环境和虚拟对象，实现了超越现实的感官体验。与虚拟现实不同，增强现实不是将虚拟世界与现实世界分隔开来，而是将它们融合在一起。因此，增强现实具有多种不同的形式和模式，可以结合使用，以创建多层次的交互体验。这些多样化的交互方式经常相互融合，用于构建丰富的增强现实应用程序。

增强现实技术相比于虚拟现实技术来说，应用更为广泛，常用于教育、广告购物、导览等领域。在教育方面，许多教育公司开发增强现实教育产品，例如现在市场上随处可见的 AR 书籍，对于低龄儿童来说，文字描述过于抽象，文字结合动态立体影像会让孩子们快速掌握新的知识，提高孩子们的学习积极性。而在广告购物方面，增强现实技术可以帮助消费者在购物时更直观地判断某个商品是否适合自己，以作出更满意的选择。例如用户可以轻松地通过软件直观地看到不同的家具放置在家中的效果，从而方便用户选择；或是通过虚拟试衣、虚拟试妆应用来判断一件产品是否适合自己。在导览应用中，已经有许多博物馆、美术馆、动物园等场所使用增强现实技术进行导览，通过在展品上叠加虚拟文字、图片、视频等信息为游客提供展品导览介绍。与虚拟现实相比，增强现实技术更容易普及，因为它能够顺应人们的日常生活，提供无缝的增值体验，而且涵盖更多实际应用场景。此外，AR 技术的成本相对较低，因此只要拥有手机，任何人都可以体验基本的增强现实技术。

3. 人工智能

人工智能是一门新兴的技术科学，旨在研究和开发模拟、延伸和扩展人类智能的理论、方法、技术和应用系统。作为计算机科学的一个分支，人工智能旨在理解智能的本质，并创建一种能够以类似于人类智能的方式做出反应的智能机器。该领域的研究涵盖了机器学习、语音识别、图像识别、自然语言处理和专家系统等领域。

自人工智能诞生以来，其理论和技术日臻成熟，应用领域也不断扩展。未来，人工智能可能会成为承载人类智慧的重要容器。虽然人工智能无法与人类的智能相提并论，但它能够模拟人类思维，甚至可能在某些方面超越人类的智能。不同类型的人工智能技术和应用在交互设计领域具有不同的意义。例如，以机器学习为基础的智能设计算法能够自动生成图表和海报，显著提高设计师的工作效率；以计算机视觉为主的人工智能技术可以实现人脸识别、情感识别和肢体动作识别，从而实现多模态交互；以自然语言处理为基础的人工智能技术，可以实现更自然的人机语音对话。

4. AIGC

AI Generated Content（AI 生成的内容）是由人工智能技术自动生成的文本、图像、音频、视频等各种形式的内容。这些内容是通过机器学习、自然语言处理、计算机视觉等技术，让计算机自动从海量的数据中学习和生成。

当涉及 AI 生成内容时，有许多应用领域可以探索。以下是一些常见应用领域的更详细的说明。

（1）内容创作：AI 能够生成文章、新闻、博客、广告语等，可以提高生产效率并降低成本，同时还能协助用户保证内容质量和可读性。例如，AI 生成的文章可以被快速地翻译成多种语言，并为国际市场创造内容。AI 也可以为科技行业、金融行业和医疗行业等专业领域生成相关文章和内容。AI 生成的广告文案、营销策略可以为企业提供创新的营销思路和广告创意。例如，AI 可以生成个性化的广告，根据客户的历史购买记录和浏览行为，为客户提供更精准的广告内容。

（2）艺术创作：AI 可以根据输入的图像或风格参数，生成新的画作。AI 也可以通过学习不同音乐家的风格和曲调，生成新的音乐作品。但人们对于 AI 生成的艺术作品是否真正具有创造性存在争议，一些人认为，AI 生成的艺术作品缺乏人类艺术家的情感和经验，因此无法与人类艺术作品相提并论。这引发了 AI 生成艺术作品的艺术价值和价值评估的争议。并且 AI 生成的艺术作品是否可以被视为原创作品也是一个争议点。如果 AI 生成的艺术作品类似于某个艺术家的作品，那么是否违反了版权法？这也引发了人们对 AI 生成内容的版权问题的争议。

（3）自然语言处理：AI 生成的语言数据可以用于自然语言处理，如情感分析、文本分类、语音识别等。这种技术可以为很多应用场景提供更准确的数据和更智能的决策。例如，许多企业采用 AI 生成的回答来节省时间和成本，并提高客户满意度。AI 生成的翻译可以快速、准确地将一种语言翻译成另一种语言，为全球化的企业和组织提供了重要的工具，帮助人们跨越语言和文化障碍。并且在电子商务行业中，AI 还可以为客户提供自动化的订单跟踪和快速解答问题。

Stable Diffusion 是 Stability AI 公司于 2022 年提出的 AI 绘画算法，如图 7-2 所示。它提供了文字生成图片、图片生成图片等多种类型的 AI 辅助绘画功能。以文字生成图片为例，用户需要输入提示词来指导 AI 完成画作。许多 AI 绘画相关的研究者都将研究重点放在模型与提示词上。

图 7-2　Stable Diffusion

提示词用于指导生成艺术作品的风格、主题或特定要素。通过在 AI 绘画系统中输入或选择提示词来指导生成的艺术作品。根据不同的系统或平台，可能会有不同的方式来提供提示词，包括文本输入、滑块选择、标签选择等。这些提示词可以帮助 AI 模型理解用户的意图并生成符合要求的艺术作品。提示词有复杂的语法结构，如风格、主题、人物特征、环境场景、时间、情感、画幅等。

模型是指利用人工智能技术来生成艺术作品的算法或模型，同样的一组提示词搭配不同的模式将产生不一样的画作。这些模型通过学习大量的艺术作品、图像或数据集，可以自动生成新的艺术作品，包括绘画、插图、风景、人物等。这些 AI 绘画模型可以根据输入的条件或约束，如风格、主题、色彩等生成具有艺术风格的图像。

虽然 AIGC 被许多领域运用，被证实是十分可靠有效的工具，但是它也存在一定的争议。

（1）内容的准确性：虽然 AI 生成内容可以提高生产效率并降低成本，但有时会牺牲内容的准确性。例如，当 AI 生成新闻报道时，它可能会基于不完整或不准确的信息，导致文章中出现错误和误导性内容。这可能会引起公众的质疑和批评。

（2）知识产权问题：AI 生成内容时，可能会涉及知识产权问题。例如，如果 AI 生成的内容抄袭了某个作者的作品，那么谁应该对此负责？这种争议可能会引发法律纠纷和版权问题。

（3）道德和伦理问题：AI 生成内容可能会引发一些道德和伦理问题。例如，如果 AI 生成的文章误导读者或歪曲事实，那么这是否违反了道德规范？此外，AI 生成的内容可能会被滥用，如用于虚假宣传、欺诈行为或恶意攻击等。

（4）数据隐私问题：AI 生成内容需要大量的数据支持。如果这些数据包含个人信息或敏感信息，那么数据隐私问题就会成为一个问题。例如，如果 AI 生成的内容是基于用户的浏览历史和行为的，那么用户可能会对这种数据收集和使用感到不安。

总的来说，虽然 AI 生成内容有很多优点，但也涉及一些争议和挑战。对于这些问题，需要制定相应的政策和规范，以确保 AI 生成内容的质量和道德标准。

7.2 设计与社会

7.2.1 设计伦理

什么是设计伦理？设计伦理就是要求在设计中必须综合考虑人、环境、资源的因素，着眼于长远利益，发扬人性中的真、善、美，运用伦理学取得人、环境、资源的平衡和协同。可以从几个例子来简单了解设计伦理，图 7-3 所示为两名 Facebook 员工在员工浴室使用洗手液的画面，白人员工将手放在机器下，可以正常使用。但当黑人员工把手伸到机器下面时，什么也没有发生，这是由于传感器技术无法识别到黑人员工的手。

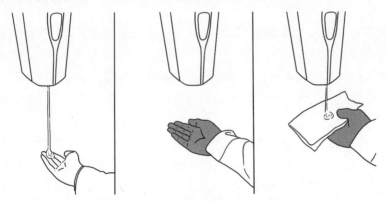

图 7-3　Facebook 员工使用洗手液的对比

图 7-4 所示为互联网共享单车停放的乱象，互联网共享单车自 2014 年开始兴起，解决了大多数人"最后一千米"的出行问题，被大众所喜爱。但是这一市场逐渐产生了不少乱象，如随处停放、外力破坏等，整个城市因为共享单车而变得混乱不堪，本应属于盲人出行的盲道也被大量的车辆停放占用。

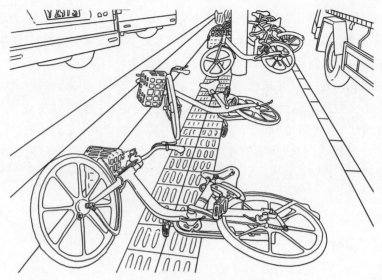

图 7-4 共享单车的停放乱象

上述两个案例都是设计师没有考虑到设计伦理所产生的问题,虽然它们确实通过设计的方式解决了多数人的需求,但并没有考虑到基本人权、环境保护、可持续发展等问题。大多数情况下,不符合设计伦理的设计经常会造成更大的问题,导致产品与服务从更宏观的角度走向灭亡,情况较严重时甚至需要召回所有产品来弥补错误。

最早提出"设计伦理"的是美国的设计理论家维克多·巴巴纳克,他在 20 世纪 70 年代出版了其最著名的著作《为真实世界的设计》。巴巴纳克明确地提出了设计的 3 个主要问题。

(1)设计应该为广大人民服务,而不是只为少数富裕国家服务。他特别强调设计应该为第三世界的人民服务。

(2)设计不但要为健康人服务,同时还必须考虑为残疾人服务。

(3)设计应该认真地考虑地球的有限资源使用问题,设计应该为保护人们居住的地球的有限资源服务。

设计伦理解决的是设计师应该遵守怎样的道德法则,应该具有怎样的道德价值的行为规范。从这些问题上来看,巴巴纳克的观点明确了设计的伦理在设计中的积极作用。

然而,设计伦理并不是一个标准的、固定不变的答案,例如在南北战争时期的美国南部,考虑到人种平等的设计反而是不符合当时的社会伦理的,这与现代讲究基本人权平等的伦理道德规范差异较大。一般来说,设计伦理是通过建立设计行业和目标用户所能接受的行为和动作来提出相应的设计标准和设计道德规范,在不同的时代背景、不同的行业、不同的设计领域均有不同的理解。因此,设计伦理主要是从以下两点出发讨论:一是建立设计行业普遍接受的行为和动作;二是提出设计制作和展示的标准。

设计伦理在设计教育中往往会被忽视,尤其在企业里并不会经常被提起。但作为设计师,我们所设计的内容是面向用户、面向社会的,设计是通过积极的创造来影响并优化人们的日常生活、工作的。因此，我们所设计的产品与服务必须考虑到设计伦理，不仅要让设计产物有用、好用，还要综合考虑人、环境、资源等因素，着眼于长远利益。作为一名设计师，在进行设计的过程中务必要做到对设计伦理更敏感、更细心、更关心。

7.2.2 设计与全球化

全球化是一个持续讨论了很多年的问题，随着数字化产品的增长，我们的设计不再只是面临一个地区、国家，而是逐渐面向全世界人民。尤其是 2020 年新冠疫情的暴发，线上办公、元宇宙、异步协同等概念逐渐走进人们的生活中，更多的日常生活从线下转移到了线上，又加速了全球化的发展。全球化一般分为"国际化"和"本地化"两个概念，如图 7-5 所示。

图 7-5　全球化、国际化和本地化设计

国际化的英文是 Internationalization，又称 I18N。国际化是指只专注于某些国家和地区，用一种设计方案去满足这些国家和地区的需求。例如 Amazon 购物网站国际平台在填写收货地址时，方案是只给一个长框将所有地址信息输入其中，而不要求用户填写国家、地区、社区、街道，因为这些类目在不同的国家是不一样的。

本地化的英语是 Localization，又称 L10N。本地化是指针对某一目标国家或地区进行设计，使得产品可以获得当地人的认同和喜爱。一般来说，本地化是在国际化设计的基础上再细分到各个国家地区中。例如 Amazon 购物网站的中国平台，在收货地址填写区域按照中国地区的特征信息来设计填写方式。

在进行全球化设计时，主要从以下几点开展工作。

（1）区域格式：如数字、时间、日期、货币和单位，不同的国家会有不同的表达形式。例如中国习惯用年、月、日这样的顺序来表达日期，而美国则习惯用日、月、年的顺序，因此需要明确标示出日期单位以免混乱。

（2）表单信息：如地址、姓名、电话、邮编等。常见的全球化设计中，电话号码会提供所有地区的区号供选择，而地址则是提供一个大的输入框让不同地区的用户自己根据地区情况填写。

（3）文案表述：避免使用口语化的文案，尤其是那些具有某一地区、国家特色的俚语。例如国内在进行促销时偶尔能见到"跳楼大甩卖"这样的字眼，但翻译成外文后便会变得十分诡异。在开展全球化设计时要尤其重视这些表述性的内容，尽量保持信息中性、易懂。

（4）图标插画：在进行图标或插画的绘制时，经常会用现实的物体来隐喻，但要特别注意有些事物在不同国家具有不一样的内涵，在进行全球化设计时要规避所有可能出现的意义混淆的问题。例如在中国我们常用的"OK"手势，在印度代表"正确"，在日本和韩国则表示"金钱"，在法国则代表"一文不值"。与此同时，插画的颜色也很重要，例如白色在某些地方象征圣洁单纯，而在另外一些地方则代表不祥。

（5）文化禁忌：在进行全球化设计时要尤其重视文化禁忌的问题，特别是宗教元素，要避免使用带有宗教性质的设计。

一般来说，在开展产品或服务的设计时，会优先考虑国际化和全球化的诉求，兼容更多不同国家的文化，以保证产品从广度推广开来。之后，再针对某些重点国家开展本地化设计，让当地人们对设计产生文化认同，从而增加当地的用户黏性。

7.3 设计与未来

设计是一门创造性的艺术与科学，旨在改善人类生活和解决现实问题。然而，在不断变化的世界中，设计师们面临着来自技术、社会和环境等多个方面的挑战。随着科技的快速进步和社会的快速变化，设计师需要超越当前的需求和趋势，预测未来的需求和挑战。设计的未来要求设计师具备前瞻性的思维，敏锐地洞察趋势，并将其融入产品、服务和系统的设计中。

7.3.1 批判性设计

近年来，批判性设计（Critical Design）与思辨性设计（Speculative Design）越来越受到人们的关注，它们既可以作为单独一门学科，也可以与其他设计学科、艺术学科相结合，产生更有深度的设计。批判性设计是一种富有创意和探索性的设计方法。它鼓励设计师超越传统思维模式，提出挑战性的问题，并通过多学科的合作和研究，推动设计领域的创新。

批判性设计最早由皇家艺术学院的 Anthony Dunne 和 Fiona Raby 在 *Hertzian Tales: Electronic Products, Aesthetic Experience, and Critical Design*（1999）一书中提出。Dunne 和 Raby 对批判性设计的定义是："批判性设计采用思辨的方式，去挑战狭隘的假设和先入之见，并思考产品在日常生活中所扮演的角色。"他们将批判性设计看作是一种顺应时代的设计态度，并不是一种新的设计领域。Dunne 和 Raby 基于技术飞速发展进步的时代背景，以及人们盲目依赖于技术的担忧，希望大众可以用批判性思维来看待社会问题，而不是让设计被技术牵着走。后来，批判性思维逐渐被设计师们所认可，也得到了相应的拓展与实践，逐渐成为一种极为重要的设计思维和方法。

Dunne 和 Raby 用 "A/B 宣言"的思维角度帮助人们理解传统设计和批判性设计的区别，如图 7-6 所示。传统设计更强调将设计作为一种解决问题的方法，提供正确答案；而批判性设计则是将设计看作一种找到问题、对世界进行提问的手段。他们认为设计师面对问题时，也并不只有 A、B 两种思考方式，甚至还有 C、D、E 等更多可能性。

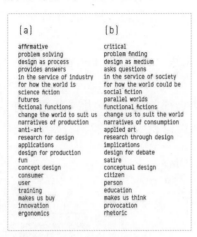

图 7-6 "A/B 宣言"的思维角度

批判性设计由于对所有问题产生怀疑与提问，许多人会误以为批判性设计是消极的、反对一切的；也有一些设计评论家认为批判性设计是浮于表面的，没有实际意义和应用价值。事实上，这些只是批判性设计的一面。批判性设计正是突破了一味追求使用价值、真实性和积极性，用不限手法的表达方式将设计师从确认式设计的道路中解放出来，从问题解决者转变为提问者，鼓励更多的人主动思考。

Lucy McRae 的 Future Day Spa 是一个互动装置，公众可以在其中选择自己、与伴侣或陌生人一起被机器"拥抱"，如图 7-7 所示。McRae 解释说："如今人类常作为数字化的虚拟化身的存在，我们与机器紧密地联系在一起，反而与周围世界的身体接触较少。"他用这样的作品来对缺乏人情味的世界中，科技争夺人类的感情这一现象进行批判，引发人类对人机关系、人际关系的思考。

图 7-7 Lucy McRae 的 互动装置 Future Day Spa

7.3.2 思辨性设计

思辨性设计是由批判性设计发展而来的设计概念。相比于批判性设计关注当前遇到的问题，思辨性设计的关注重点是未来，而不是现在；是可能，而不是现实。思辨性设计常站在当下某种技术尚未造成实际影响之前做出假设，探索其在未来世界的可能性，并通过艺术作品、影视作品等虚构的形式展示出来，引发观众思考。换而言之，思辨性设计其实是设计师为观众开拓出一个自由探索观念与问题的平行空间。

思辨性设计的核心思考模式就是将未来分成4类：大概率会实现的未来（Probable Future）、技术上可以实现的未来（Plausible Future）、可行的未来（Possible Future）、理想化的未来（Preferable Future），如图7-8所示。设计师通过思辨性设计的方式设计出艺术创作，让大众能够以未来作为视角更全面地思考问题；并且对于之前没有考虑到的、未来可能产生的问题有一个新的讨论和构想。

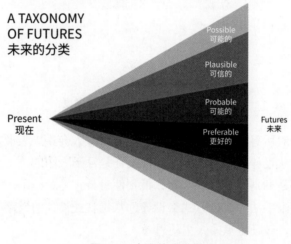

图7-8 未来的分类图

我们经常会有一个误解，即思辨性设计主要是假想未来。但Dunne和Raby明确地说明了思辨性设计并不是试图去假想未来，而是通过设计来发掘所有具有争论价值的可能性，并用于为大部分特定的人群去定义一个共同的、合意的未来：从企业到城市，再到社会。设计师不应该为所有人去定义未来，而应该与伦理学家、政治学家、经济学家等专业人士合作，去生产一种人们真正想要的未来。

例如，日本设计师长谷川爱（Ai Hasegawa）的项目《我想生一条鲨鱼》（*I Wanna Deliver a Shark*）是一个典型的思辨性设计案例，如图7-9所示。作品从一位30多岁意外怀孕的女性视角出发，这位女性希望能够用她的生育能力帮助濒临绝种的物种繁衍，并通过一系列技术成为了鲨鱼的宿主并孕育了小鲨鱼。这样的作品看上去荒唐、不可思议、无理，但它却能为女性问题、生育问题、物种问题等多类敏感性问题进行提问，引发人们的思考。这件作品虽然也是站在未来的视角进行设计，但是它并不是真的在假想可能的未来，而是通过一种未来的可能性来开启人们的反思讨论。

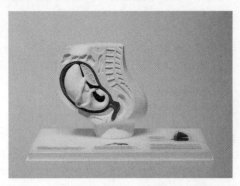

图 7-9　长谷川爱的作品《我想生一条鲨鱼》

批判性设计和思辨性设计是一种"自上而下"的实践方式，用户是被影响、需要回应问题的一方，而设计师的作用则是引导大众进行思考及讨论。虽然它们在核心观点上十分相似，但思考的方向却不同：批判性设计注重过去与现在所发生的事，而思辨性设计则是架空目前世界观来想象未来。批判性设计对现代世界发生的事展开讨论，通过作品的方式来邀请观众提出一系列问题，对当代世界进行思辨思考；而思辨性设计从遵循现代世界的逻辑框架跳脱出来，展开所有的可能性而不受现实因素局限，其目的不在于让购买者消费，而是开启他们的想象。

7.3.3　设计未来

设计未来是将设计学与未来学相结合的设计理念，它因 2020 年新冠疫情暴发而开始得到设计学科的重视。面对疫情时代的全球化新挑战，人们开始追求应对不确定性未来的能力，以增强社会与产业韧性。设计师过去从以物为中心、以用户为中心到以社会为中心，进行了不同阶段理念的转变与实践。而如今，面向不确定、不可知的未来，设计师开始追求"以未来为中心"的设计。拥有以未来为中心的设计能力成为了实现可持续创新的不可或缺的素质和能力。

未来学是研究未来的综合学科，又称未来预测、未来研究，是以事物的未来为研究和实践对象的科学，从科技和社会的发展动态出发进行研究，探讨选择、控制甚至改变或创造未来的途径。研究范围涉及各个领域，通过定量、定时、定性和其他科学方法，探讨现代工业和科学技术的发展对人类社会的影响，预测按人类需要所作出的选择实现的可能性。未来学的兴起和发展，一方面是为了适应科学技术迅速发展的客观形势，更主要的是为了应对人类社会所面临的经济、政治、文化等多方面的挑战。

1. 设计发展历程

设计发展的历程如图 7-10 所示。

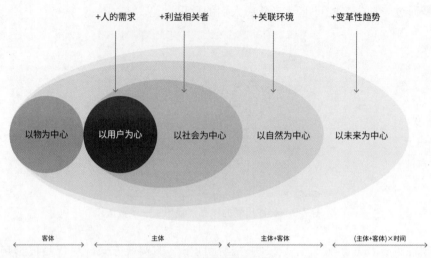

图 7-10 设计发展的历程

设计未来以设计学、未来学、预测学为基础,将未来思维(Futures Thinking)融入设计思维,从技术预见转向设计预见(Design Foresight),从人文视野展望未来研究,在产品与服务中融入对世界观、价值观的社会人文视角宏观思考;为设计赋予时间变量,将演变过程与趋势视为设计的有机组成,为设计思考和实践注入未来思维,帮助创造者通过未来审视当下设计与技术发展路径,如图 7-11 所示。

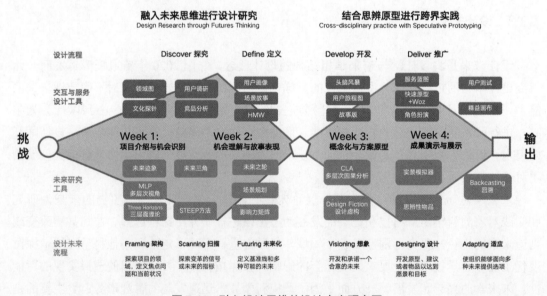

图 7-11 融入设计思维的设计未来研究图

设计未来常通过未来学工具对世界观、价值观等宏观格局进行设计,将问题置于未来世界中探索解决方法,包括多层次因果理论等多个不同的未来学工具,带来更加多元化的视角,帮助设计师们反思产品和服务的未来愿景。

2. STEEP分析模型

STEEP分析模型是帮助设计师检阅外部宏观环境的一种方法,不仅能够分析外部环境,还能够识别一切对组织有攻击作用的力量,如图7-12所示。在面对未来产品的交互设计中,通常面对的难题是难以分析未来的趋势、需求和痛点,因此设计团队可以用STEEP分析模型来搜集、分析各种对设计趋势有价值的资料,形成一种有体系的分析模型,有助于开展未来产品的交互设计。

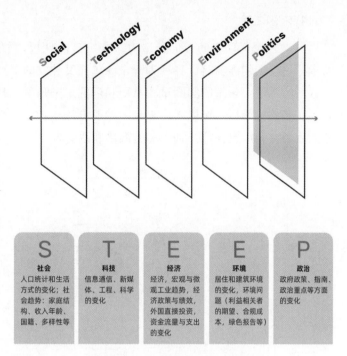

图7-12　STEEP分析模型

3. 多层次因果分析工具

多层次因果分析是未来学的一种准确定义问题、解构问题的研究方法,如图7-13所示。它试图解构问题表层到深层的形成过程和形成原因,通过重新构建根源问题,找到解决根源问题的方法。

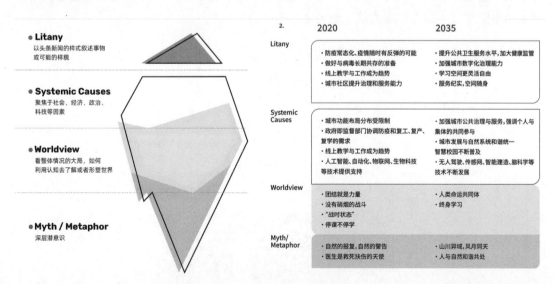

图7-13　多层次因果分析

4. 未来之轮

未来之轮可以帮助人们塑造对未来突破的期望，并找到新产品的可能性，如图 7-14 所示。它使人们能够将世界视为一个简单而又独立的层次，迈向一个使世界变得复杂且相互联系的水平。未来的圆圈试图从更长远的未来角度寻找当前问题的结果。对未来新产品有了初步的构想后，可以采用未来之轮的方法一步步设想产品在未来可能遇到的事件及遭遇的后果，帮助设计师找到产品的演化和改进方向。

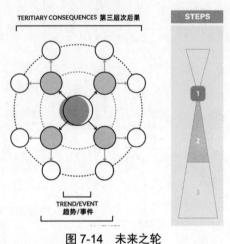

图 7-14 未来之轮

5. 未来三角

未来三角是一个强大而简单的未来学工具，如图 7-15 所示，可以帮助未来学的从业者或研究者梳理左右未来走向的各种因素之间的关系，用图形化的方式更直观地捕捉每个未来图景中推力、拉力和重力这 3 种力之间的张力。

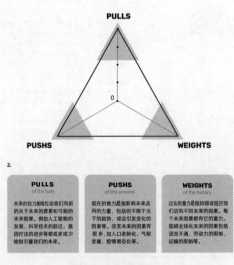

图 7-15 未来三角

例如,在2022年清华大学的"交互设计创新方法与实践"课程中以未来娱乐为主题的小组,分析了从交互方式、用户体验及时效性等方面,判断虚实交互有望成为下一代娱乐形态。而站在科技角度,用户未来将通过XR设备实现虚拟世界与真实世界的娱乐交互,而相关的XR硬件设备则有望作为交互方式,完成人机交互反馈及信号传输。小组以此为基础深入调研了相关娱乐的历史发展、未来趋势,以及与之有关的技术趋势等。在课程中的用户研究环节,小组对用户进行了深入的调研与分析,并罗列了利益相关人群体。最终在开展设计时,小组设计了以下用于未来增强现实娱乐的产品。

这一产品被称为"传送门眼镜",如图7-16所示,它链接了现实与虚拟游戏,通过增强现实技术、脑机接口的方式进行交互。它直接将游戏成像显示在视网膜上,与现实世界中的场景元素融为一体。并要求用户佩戴一个首饰大小的传感器。通过脑电输入和自然手势交互,用户可以在真实世界中与虚拟成像的游戏场景进行跟真实世界中一样的交互。

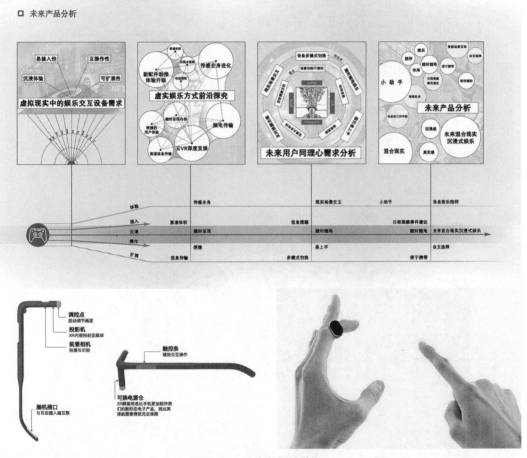

图7-16 "传送门眼镜"

而在2023年的课程中,我们要求学生更多考虑人机社会中的情感化问题。例如如何看待智能产品,是否需要将其看成具有生命的个体开展设计?或是考虑更多设计伦理、全球化方面的议题。下面的小组选择了车内场景开展未来产品的设计。小组调研发现 3～8 岁的儿童在乘坐自驾车时往往会存在"自行打开安全座椅卡扣""在车里乱窜""讨厌系安全带"等问题,这些行为可能会诱发车祸。为了让家庭出行更加安全,小组设计了以安全带为基础、专为儿童打造的 BeltBuddy 车载陪伴机器人,如图 7-17 所示。它通过引导儿童养成系安全带的良好习惯,稳定他们的情绪,来帮助解决儿童不愿意系安全带、久坐导致焦躁不安、车内体验枯燥无味等问题。同时,它还为儿童创造了全新的车内互动体验,使家庭出行更加安全和愉快。在设计中,小组为智能产品设计了性格特征和角色属性,将智能产品看作具有生命的个体进行设计,使得整体功能、外观和交互更加一致。

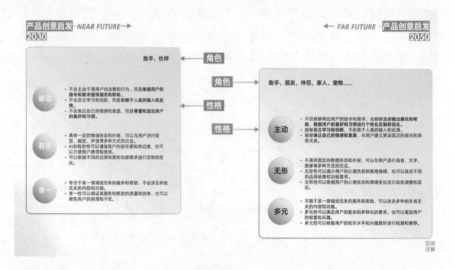

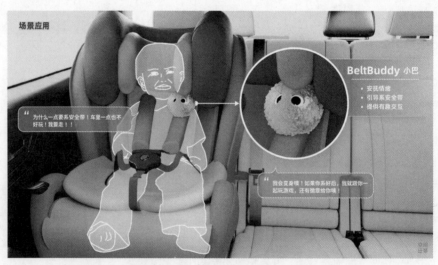

图 7-17 车载陪伴机器人 BeltBuddy(陈子慧、熊芮琳)

7.4 作业/反思

针对某一设计主题，探索其有关的前沿技术发展，并整理可以与交互设计碰撞出的新机会，如图 7-18 所示。

学生们可以使用在 7.3.3 节中介绍的 STEEP 分析模型、多层次因果分析工具及未来三角。首先通过桌面调研、田野调查、用户访谈的方法，深入理解在社会、科技、经济、环境、政治五大因素中所研究主题的过去与未来可能的趋势；之后以多层次因果分析的方式定义问题、解构问题；最后，用未来三角梳理未来可能的走向，明确交互设计能够与该领域在未来碰撞出的新机会。

图 7-18　虚拟娱乐的前沿技术分析探索（钱沣盈、白天琦、张亚辉、陈伊）

第8章

如何开展学术研究——设计类论文阅读与写作方法

作为一门交叉学科,交互设计涵盖了多个领域,其研究者和从业者需要不断开拓新的知识领域,以保持在这一领域的前沿地位。因此,交互设计师需要拥有强烈的知识探索欲望,通过各种渠道如书籍、学术论文、新闻、新媒体等,积极获取新的知识和应用。

书籍通常提供成熟和系统化的知识,新闻和新媒体主要关注行业前沿的应用和发展,而学术论文则聚焦于探讨前沿技术、创新概念和学科发展的方向。学术论文作为一种最具研究性的知识传播媒介,是交互设计师在进行创新研究时必须接触的资源。然而,论文的阅读和撰写是一项门槛相对较高的技能,需要了解正确的文献搜集方法,养成良好的阅读习惯,以及掌握论文写作框架,这些都将在论文的研究和撰写过程中发挥重要作用,提高工作效率。

本章将重点介绍论文阅读的意义、论文阅读的方法和论文写作的技巧,旨在为交互设计研究者提供学术研究指导,帮助他们更快速地进行文献阅读和前沿知识的积累。此外,本章还将引导读者如何通过撰写论文的方式将他们自己的研究成果贡献给交互设计领域,为该领域的发展作出贡献。

8.1 研究准备:论文阅读

8.1.1 为什么要进行论文阅读

1. 扩充知识面

文献阅读有助于拓展我们的知识领域。交互设计作为一门跨学科领域,常常需要借鉴社会学、人类学、计算机科学、统计学等不同学科的理论知识和实验方法。然而，作为设计学或计算机学科下的交互设计专业的学生，通常难以深入接触到其他学科的专业知识，这可能会限制我们的视野。

2. 了解前沿研究

大部分前沿研究都以学术论文和学术会议为主要交流方式。这是因为前沿研究通常涉及概念的推进，而在实际产品化阶段仍需面对诸多挑战，如技术可行性、社会伦理道德、成本等问题需要解决。学术论文和学术会议提供了设计研究者自由探讨不同设计理念的理想平台，只要设计概念合理，并经过科学实验验证，都有机会得到广泛认可。

3. 梳理学科脉络

设计学领域涵盖了多个细分学科，如人机交互设计、视觉传达设计、信息设计、交互设计、服务设计、工业设计等。与设计学相关的学科也多种多样，包括社会学、心理学、计算机科学、人类学等。在开展研究时，经常面临一系列问题：其他学科是否存在类似的研究？我们需要了解哪些跨学科的知识领域？我们的研究成果是否具有跨学科的适用性等。

通过论文阅读，能够迅速扩展学科知识的广度和深度，并对这些知识进行脉络梳理，丰富我们开展设计研究所需的知识库，帮助我们找到合适的研究方向并进行深入研究。

8.1.2 如何找到合适的论文

在阅读学术论文之前，需要先学会如何有效地寻找合适的论文，以避免在阅读过程中浪费大量时间阅读无关的内容。

首先，可以从经典教材中获取学术框架和脉络。在学习特定学科时，通常会有一些基础教材供学生入门，这些教材代表了作者多年的学术积累，提供了对特定问题的全面分析和讨论。通过研读这些教材，可以迅速掌握相关学科的知识框架，从而明确应该寻找哪些方面的论文。此外，教材的参考文献部分也是一个宝库，其中包含了大量相关的论文，可供我们开始阅读工作。

其次，可以从导师、同学和同事的论文入手。如果你在学校里参与了项目组，有导师、同学；或者在公司有同事或前辈从事研究工作，也可以从他们的研究论文中找到相关文献，作为阅读的起点。通常情况下，你所在的项目组或研究团队在特定研究方向上有一定的延续性，你的导师、同学、同事所做的项目对你的研究也具有参考价值。从熟悉的人那里获取经验也有助于我们进行更多的提问和交流，对于在校初学者来说，这是一个非常有益的途径。

最后，可以从综述类论文开始。一旦你对学术论文有了一定的了解后，可以尝试直接阅读综述类论文。综述类论文是对整个学科领域的综合概述，而不是针对单个实验的论文。优秀的综述类论文通常总结了数百篇相关论文,特别是对于研究领域比较小众的主题,这些论文可以帮助我们找到大量的参考文献以供阅读。然而,需要注意的是,由于综述类论文涵盖了大量的详细信息,我们无须深入阅读每一篇论文,而应该采用策略性的方式进行查阅。

8.1.3 论文阅读方法

初看论文时,我们会因为复杂的文章结构、专业术语、图表、数据而产生退却感,尤其是在阅读外文论文时,语言差异会让我们更难开展论文阅读工作。但论文阅读其实并不需要我们逐字逐句开展,通过一定的方法可以减轻阅读负担,可以按照下面的方法来阅读论文。

1. 先读摘要

摘要是对文章的大致介绍,通过阅读摘要,能够很快知道作者在研究一个什么样的问题、问题的背景是什么、作者用了什么研究方法等信息,阅读完摘要后,再进一步决定是否要接着读下去。要知道全文中有很多是我们不需要的信息,例如某篇文章的实验方法非常适合自己的研究,但他所要解决的问题与自己的研究内容差距较大,那么全文就只有实验的部分是需要我们阅读的。因此通过阅读摘要,能够让我们大致俯瞰一篇文章的内容,从而决定需要阅读文中的哪些部分。

2. 关注图表

对于交互设计研究类的文章来说,阅读图表是了解论文内容的一种非常直观的方式。例如设计框架图、使用流程图、实验过程照片、实验数据可视化分析等,这些图表可以很直观地让我们快速了解论文在做什么样的研究、结果大概是什么,帮助我们快速地了解文章内容。

3. 阅览小节标题

可以先对论文每个小节的标题进行一个大致的阅览,了解论文的叙述框架和大致内容,再判断我们应该阅读哪一些部分。有一些作者在拟小节标题时会用非常具体的描述去书写,甚至小节标题就已经对段落进行了总结,这样通过阅览小节标题就已经能基本读懂全文了。

4. 通读全文

根据需要,可以开始对全文开展通读。通读全文时需要注意两个方面:一是阅读需要阅读的部分,就像前面所提到的,文章中并不是每个部分都对研究有帮助。通过对摘要、小节标题的阅读,我们能够大概找到有用的文章内容,然后再开展全文阅读。二是阅读时不必逐字逐句细读，一般一个段落的开头跟结尾有着最重要的信息，开头是问题描述，结尾是结论总结，可以重点阅读这两个部分。

5. 注重关键词

在阅读句子时要记住，只有关键词才是最重要的。尤其是英文论文中，我们常常会为了读懂一整个句子而逐字逐句查询单词，这样不仅效率低下，还容易越读越看不懂作者的意思。即便在中文论文中，不同人的表述方式也会让我们在阅读某些句子时感到吃力。而捕捉关键词可以帮助我们在短时间内了解作者意图，举例来说："在第二次实验过后，用户们的使用效率有了明显的提升"这样一个句子，实际上只需要看到"实验过后""使用效率""提升"3个单词就能了解其意思。

通过上述5个方法，可以帮助我们快速阅读论文，并从大量的论文中找到有用的内容。在阅读时也要注意培养良好的阅读习惯，使阅读更加高效。

8.1.4 论文阅读报告

在一些设计研究专题小组中，经常会要求每个人负责不同方向的论文开展阅读工作，之后再通过论文阅读报告互相分享知识点，以这种方法进行任务分工开展研究。论文阅读报告是对某篇论文或者某几篇同类论文的全方位总结，因此应选取最有价值的论文进行阅读报告的书写。对于那些只有部分价值的论文来说，也可以只摘取其中的一部分进行展示。一个完整的论文阅读报告应包含以下几点，可以根据具体的论文价值情况对这些项目有所删减。

（1）相关背景描述：论文的背景描述，它是在什么国家、什么社会环境、什么样的团队、基于什么样的背景等来开展研究工作的？

（2）写作目的：作者要解决的问题是什么？通过这篇论文作者想要达成什么样的目的？他有预设的结论吗？达成这个目的会带来什么影响？

（3）现有解决方案：现在面对这个问题有什么解决方案？它们通过什么方式解决这个问题？它们达成目的了吗？

（4）作者提出解决问题的方法：作者要如何解决这个问题？描述作者解决这个问题使用的方法与流程。

（5）作者的创新点是什么：对比其他解决方案，该作者的创新点在哪？是否具有突出的价值？

（6）通过什么样的实验进行验证：作者是如何设计实验的？实验的人群如何选择？实验如何开展？如何搜集与分析数据？

（7）方法的效果与局限：作者提出的解决方案是否有效？有哪些数据可以证明？这个方案有什么局限性？是否有改进的地方？

（8）对你的启发：该论文的哪些方面对你的研究有帮助？通过该论文，你找到了什么新的研究思路？或者说对现有的研究有什么改进、优化的想法？

阅读论文是开展研究的基础，通过阅读论文，我们能够在广度和深度上探索与学科相关的知识，进行大量的知识储备，以帮助研究顺利推动。阅读论文也是论文写作的基础，当我们对阅读论文逐渐熟悉时，也就对论文的结构、写作要点、表达技巧等有了基本的掌握，在研究完成后，就可以进一步开展论文写作工作，将成果积累下来。

8.2 开展研究与论文写作

8.2.1 开展设计研究前需要培养的能力

当我们准备开展研究，并撰写学术论文前，需要先保证自己有一定的能力可以开展这项工作，分别是选题能力、学术研究能力、专业理论知识和表达说服能力。这4个能力缺一不可，需要先选择一个合适的、有意义的选题方向，之后再基于扎实的专业理论知识对这一选题方向开展学术研究，在得到阶段性成果后，通过合适的文字进行表达，说服读者。

研究的选题是一篇论文的核心，常言道"选择比努力重要"，题目的选择关系到论文是否能够产出有价值的成果。我们应该选择本专业范围内一个值得被研究的问题，并且要确保你的能力能够开展这项研究，能够形成一个明确的学术观点。选题能力其实就是判断某一方向是否有价值、可实现的能力。如果选题失误，例如论点存在错误、题目陈旧、解决的问题没有价值等，那么即使再努力地去进行研究，都无法解决研究本身的瑕疵。

专业理论知识是开展研究的基础，在进行研究前，需要有扎实的专业知识以支撑我们完成研究。所有的学术论文都离不开专业理论知识，我们对问题的分析、对方案的推理和论证，都需要通过专业知识来解决。要积累专业知识，可以先从权威的教科书、课程开始，之后再进行论文阅读。因为论文阅读需要我们有一定的专业知识来判断所阅读的论文在研究和运用上是否有价值。

学术研究能力是指研究者的逻辑思考能力、问题导向的思考方式、价值导向的思维意识、研究是否可执行的判断能力、实验的策划能力、研究工具的掌握能力、团队组织能力等多种能够帮助研究得以开展的能力。学术研究能力需要从各方面积累，如积极参与学术活动、多参与各类项目团队等，是一种需要平日培养的素养。

表达说服能力是指论文写作的能力，与小说、诗歌、散文不同，论文的写作需要突出逻辑思维，通过精准的措辞、简练的语言、通顺的语句、规范的学术表达、扎实的理论陈述综合而成。对于论文写作初学者来说，可以先尝试仿照他人的论文结构、陈述句式开展写作工作，记住整篇文章要有一条清晰的主线，围绕着主线展开写作。

要想顺利开展研究、写出一篇好的论文，需要对研究者进行全方位考核，从正确选题到专业知识积累、学术研究素养培养，再到最后的写作缺一不可。接下来将介绍设计领域论文的大致结构与写作要点，帮助大家更好地开展论文写作工作。

8.2.2 论文结构与写作要点：设计研究的基本组成

可以借助论文的结构和写作要点来解释设计研究的基本组成。在进行设计研究时，需要评估每个步骤是否能够为学术论文提供内容，从而为设计领域的知识体系做出有益贡献。在进行设计领域学术论文的撰写时，一般将文章分为9个部分，分别为标题、摘要、介绍与动机、技术内容、验证、相关工作、讨论/未来工作、结论及参考文献，如图8-1所示，这些部分构成了学术论文的基本要素。值得注意的是，论文的信息组织和结构可能会因研究内容、目标期刊/会议，以及研究所在国家的不同而有所差异。接下来，将逐一介绍上述9个论文要素，详细探讨如何撰写一篇学术论文。

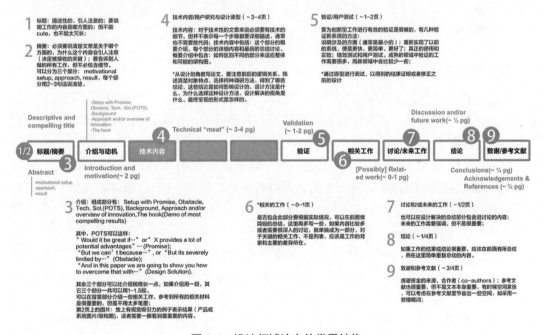

图 8-1　设计领域论文的常用结构

1. 标题

标题是描述性的文字，需要在简单表达论文内容的同时又能用有趣的表达方式引人注意。语言学家Hairston和Keene提出，好的标题需要有4个要素。

（1）应预示着论文研究的内容。

（2）应吸引读者的兴趣。

（3）应反映作者的语气或态度。
（4）应包含重要关键。
在写论文标题时，可以尝试以这 4 个要素作为参考，它们可以作为指导但不必过于局限在这 4 个要素中。

2. 摘要

摘要是整篇文章的浓缩和预览，论文评阅人、读者、研究者在阅读全文前，会首先阅读摘要，再考虑是否要进一步展开正文内容。许多论文评阅人在阅读完摘要后就基本能判定这篇文章是否值得被收录，因此写好摘要无比重要。

摘要一般有一定的字数限制，在进行摘要编写时可以分为 3 个部分：目的、方法和结论，每个部分用 2～3 句话说清楚即可。

（1）目的：研究基于什么背景下开展？研究所要解决的问题是什么？
（2）方法：为了解决某个问题，开展了什么工作？如何验证你们的想法？实验如何设计？
（3）结论：你们的想法是否有成效？它有怎样的局限？

3. 介绍与动机

介绍与动机是为了描述我们所研究的问题。我们需要介绍它的问题背景、现有的解决方案、为何还没被解决、它为什么如此重要等一系列问题。在写介绍与动机时，可以从以下 4 个部分开展。

（1）P.O.T：这是一种可以对论文内容开展快速介绍的句式，它由 3 部分组成。P（Promise，承诺），即这篇论文主要承诺可以解决什么问题。O（Obstacle，障碍），即在解决问题时遇到了什么障碍。T（Technological solution，技术解决方案），即论文通过了什么方法来解决这些障碍并达成效果。

（2）背景：介绍你的问题背景，如环境背景、时代背景、文化因素、技术发展因素等，要描述为什么这个问题开始被得到重视，解决这个问题会带来怎样的变化与影响，它是否富有价值。通过这些背景介绍，用以显示你的研究是有意义的。

（3）创新的方法和/或概述：在这一部分需要介绍你的论文有什么创新的角度与方法，而不需要详细介绍具体的设计方案描述（因为这将在之后的部分开展介绍）。可以从创新理念和方法出发，介绍你们研究理念的优势，以及与他人的差异，让读者对后续的内容感兴趣。

（4）现有研究方案：可以将其他研究者已经开展的相关工作折叠到介绍的背景部分中，或者在以后的单独部分中进行介绍。引用这些所有相关材料非常重要，它能够证明你在开展研究前进行过充分的调研，并论证你所关注的问题确实存在。但这部分不要用过长的篇幅开展叙述，只需要简单介绍即可。

4. 技术内容/用户研究/设计原型

在论文的这一部分将重点介绍你所展开的研究，对于不同类型的研究来说，这一部分会有不一样的内容。这部分的内容可以大致分为 3 个类型：以技术为主的人机交互研究、以用户体验为主的用户研究，以及以创新设计概念为主的设计原型研究。

（1）技术内容：对于技术类型的文章来说必须要有技术的细节，但并不表示每个步骤都要详细描述，通常也不需要放代码。需要的内容包括：技术部分的概要介绍、每个部分的详细内容和最后的总结讨论，建议采用架构图的方式对技术内容进行辅助介绍。

（2）用户研究：用户研究类型的论文这部分与后面的实验测试密不可分，需要详细描述是如何准备实验测试的。例如我们需要介绍论文的研究对象，清楚描述用户的类型特征，以及为何选择这类用户。之后可以针对研究方法进行介绍，我们的介绍需要足够清晰易懂，保证读者能够复现你的研究方法。如果有相关的研究材料、实验流程设计、数据分析建模等内容，也可以在此展开讨论。

（3）设计原型：从设计的角度写论文，要注意前后的逻辑关系并陈述清楚设计对象的特点。例如可以介绍选择何种调研方法开展前期研究并得到了哪些结论，这些结论又是如何影响设计的。开展设计时，设计方法是什么，为什么选择这种设计方法，以及具体介绍设计的方案、设计解决的视角是什么、最终呈现的形式是怎样的。对于设计原型类的论文，最好要有实物的照片用以说明概念。

5. 验证/用户测试

这部分需要介绍如何对研究进行验证，以证明你的想法是正确的。要为创新型工作进行有效的验证是很难的，可以结合各种方法开展验证工作，如可用性测试、问卷、访谈、性能计算、民族志研究等。在开展实验时需要说明涉及的方面，如材料准备、用户选择、环境搭建、数学建模等，建议通过图片辅助介绍实验的过程，以帮助读者更快地理解。

在写这一部分时，需要保证以下两点：一是实验需要足够令人信服，需要找到可靠的论据以说明实验的设计、实施与结果是有道理的；二是实验能够复现，需要将实验的各个方面介绍清楚，使其他读者可以借鉴。

6. 相关工作

是否包含此部分要根据实际情况而定，可以在前面的部分提起这些相关工作，做简短的介绍，这里再多展开讨论一些。如果内容比较多或者需要很深入的讨论，就单独作为一部分。对于关键的相关工作，不能只是一些工作列表，而应是工作的背景和与主要工作的差异所在。

7. 讨论/未来工作

讨论包含总结、解释、比较、提炼、局限性、未来工作共 6 项。对于设计类的论文来说，未来工作有时会有比较多方向的展望，也可以另外起一个部分开展介绍。

8. 结论

如果工作的结果或结论很重要，应该在前面有所总结，而在这里简单重复总结的内容。在写结论时要简短地重述论文的目的，引出要解决的问题。之后重点对你的研究、成果、观点进行总结陈述。向读者展示你的论据是如何支持研究目标的；你为什么选择这些论据来支持你的论点？最后提出该论文对所处领域的价值与贡献，使得你的论文不再只是一个研究，还对领域的前进有所帮助。

9. 致谢/参考文献

若论文受到资金资助、项目合作、协助团队等方面的支持，应在致谢部分诚挚感谢相关方，以明确向读者传达论文研究工作中的合作与支持关系。参考文献在学术论文中具有重要意义，尽管有时篇幅有限，也需要格外重视。为了减少篇幅，可以考虑采用缩略词等方式。需要注意的是，不同的论文数据库、期刊、会议可能对参考文献的格式有不同的规定，因此在整理参考文献时务必确保格式的准确性。

本章旨在向交互设计研究者介绍如何进行学术论文的阅读和写作，以协助读者从学术前沿研究的角度深入了解交互设计领域，并将他们的研究成果以清晰、具有学术价值的方式呈现在论文中。

8.3 作业/反思

选择一篇论文进行阅读，分析其结构及内容，并完成论文阅读报告。